五台山亚高山草甸
土壤微生物对草地退化的响应机制

罗正明　著

中国农业出版社
北　京

图书在版编目（CIP）数据

五台山亚高山草甸土壤微生物对草地退化的响应机制/
罗正明著.—北京：中国农业出版社，2023.10
ISBN 978-7-109-31168-8

Ⅰ.①五… Ⅱ.①罗… Ⅲ.①五台山-寒冷地区-草
甸-土壤微生物-应用-退化草地-研究 Ⅳ.
①S812.3

中国国家版本馆CIP数据核字（2023）第189821号

中国农业出版社出版
地址：北京市朝阳区麦子店街18号楼
邮编：100125
责任编辑：程 燕 文字编辑：耿增强
版式设计：杨 婧 责任校对：吴丽婷 责任印制：王 宏
印刷：中农印务有限公司
版次：2023年10月第1版
印次：2023年10月北京第1次印刷
发行：新华书店北京发行所
开本：700mm×1000mm 1/16
印张：9
字数：150千字
定价：70.00元

  亚高山草甸作为一种重要的高寒草地类型，在青藏高原东部和东南部以及黄土高原林线以上高海拔山区广泛分布，仅山西省亚高山草甸分布面积就达到35.3万 hm^2。亚高山生态系统储存着大量的有机碳，且对气候变化很敏感，是陆地土壤碳固存和土壤碳"汇"功能的热区。五台山叶斗峰为华北最高峰，海拔3 061m，其海拔2 000m以上广泛分布的亚高山草甸是我国华北面积最大和典型的亚高山草甸生态系统之一，面积达106 993hm^2，也是华北地区重要的绿色生态屏障，在减少沙尘暴、涵养水源、防风固沙、调节气候等方面发挥着重要作用。然而，近年来，由于过度放牧、旅游活动和气候变化的影响，五台山亚高山草甸面临严重的退化问题，不同退化程度的草甸约占五台山草甸总面积的3/5。一方面，相对于干旱区草地类型，亚高山草甸草地利用方式更加多元、退化过程和机制更加复杂，由于高生产力、高多样性的表观特征，草甸草地实际退化程度被严重低估。另一方面，亚高山草甸地处高寒地区，生态环境相对严酷和生态系统较脆弱，植被一旦破坏将很难恢复。因此，加强亚高山草甸退化与恢复机制及演替规律等基础理论研究，对于建立科学的亚高山草甸管理和保护制度，维护区域生态安全，增加碳截获潜力，实现亚高山草甸的可持续利用具有十分重要的理论意义。

微生物是土壤生命的"主宰"，通过调节养分循环、分解有机物、改善土壤结构、抑制植物病害和支持植物生产力，发挥着一系列重要的土壤功能。土壤微生物作为草地退化过程的主要参与者，在维持草地生态系统功能和提高土壤生产力中扮演着关键角色。草地生态系统的功能在很大程度上取决于地下微生物群落的多样性和功能。然而，有关亚高山草甸生态系统退化原因、过程和修复机理的研究多以地上部分植被生物量的变化、土壤理化性质和土壤微生物活性为主要对象，而地下土壤微生物群落多样性、结构和功能等变化的研究相对较少，制约着受损亚高山草甸生态系统修复理论的拓展。因此，开展五台山亚高山草甸土壤微生物对草地退化的响应机制研究是一项非常重要的研究课题。

本书共分为7部分。第1部分介绍了研究背景和国内外草地退化的研究进展；第2部分介绍研究区的基本情况、研究理论和实验方法技术；第3部分研究了土壤微生物多样性及群落结构对亚高山草甸退化的响应；第4部分探究了亚高山草甸退化对土壤微生物群落分子生态学网络的影响；第5部分基于宏基因组测序分析了亚高山草甸退化过程中土壤微生物群落分类与功能多样性特征；第6部分研究了亚高山草甸土壤微生物介导的碳、氮循环对草地退化的响应及其与土壤养分流失的关系；第7部分介绍了主要研究成果和研究展望。

该书内容包括了笔者在山西大学黄土高原研究所攻读博士学位

期间的主要研究成果。在此感谢我的博士生导师柴宝峰教授的指导和提供的科研平台，为我打开了科研之门，进入亚高山草甸生态系统研究领域，并将其作为一生的事业。感谢博士后合作导师徐明岗研究员指引我进入土壤有机碳转化和稳定机制研究领域，继续深入开展草地退化对亚高山草甸土壤有机碳固存影响的微生物机制研究。感谢山西大学张峰教授、李君剑教授、刘晋仙副教授、贾彤教授，以及赵鹏宇、杜京旗、王雪、暴家兵、王礼霄等师弟师妹的帮助和支持。感谢忻州师范学院地理系吴攀升教授、郑庆荣教授、林长春副教授和李玖副教授等领导和同事长期的支持和关心。感谢山西省五台山国有林管理局和山西省臭冷杉省级自然保护区管理局领导和工作人员在样地设置和野外采样工作中给予的大力支持和帮助。感谢忻州师范学院五台山生态保护与治理科研团队成员的大力支持！

最后，本书的研究及出版得到了山西省高等学校人文社会科学重点研究基地项目（2022J027），山西省应用基础研究计划项目（202203021221225）和山西省高等学校科技创新项目（2021L465）等的联合资助。由于著者水平有限，加上时间仓促，不妥之处，敬请同行专家和读者批评指正。

罗正明

2023 年 6 月

目　录
Contents

1. 绪论

1.1 研究背景

亚高山草甸作为一种重要的草地生态系统类型，是我国重要的畜牧业生产基地，也是重要的绿色生态屏障，在减少沙尘暴、涵养水源、防风固沙、调节气候等方面发挥着重要作用（庞晓瑜等，2016）。亚高山草甸在黄土高原高海拔山区广泛分布，仅山西省亚高山草甸分布面积就达到 35.3 万 hm^2，主要分布在太岳山、吕梁山、五台山、中条山等山系林线以上的高海拔地带（马丽等，2018）。亚高山草甸地处高寒地带，对气候变化响应极为敏感，是监测气候变化的理想实验场所和研究生物多样性保护的热点地区（庞晓瑜等，2016）。近年来在气候变化和人为干扰等多重因素的影响下，部分亚高山草甸发生了不同程度的退化（章异平等，2008），退化草甸植被覆盖度和产草量明显下降，草群结构趋于单一，优质牧草减少，杂草、毒草比例增加，土壤侵蚀严重等一系列次生问题相继出现。草地生态系统结构的破坏，导致固有平衡的丧失，进而使生态系统服务和生态功能降低，严重威胁着区域的生态安全（Xun et al.，2018；Huhe et al.，2017；Wang et al.，2009）。因此，推进亚高山草甸草地生态保护和修复迫在眉睫。

大量研究证实，草地退化会改变土壤肥力、植物种群组成、植物多样性、地上和地下生产力（Allison et al.，2013；Wang and Fang et al.，2009；Xun et al.，2018）。生态学家一直以来较多关注草地生态系统退化过程中地上植物群落的演替动态，植物群落组成的变化规律往往被用作草地退化的指标（Wu et al.，2014）。土壤微生物作为草地退化过程的主要参与者，在维持生态系统功能和提高土壤生产力中扮演着关键角色。草地生态系统的功能在很大程度上取决于地下微生物群落的多样性和功能（Fierer，2017）。土壤微生物群落的结构和功能被认为是草地退化的关键指标（Yu et al., 2021）。然而，有关亚高山草甸生态系统退化原因、过程和修复机理的研究多以地上部分植被生物量的变化、土壤理化性质和土壤微生物活性为主要对象（Allison et al., 2013；Allison et al., 2010），而对地下土壤微生物群落多样性、结构和功能的变化、土壤生态系统退化机制的研究相对较少，制约着受损亚高山草甸生态系统修复理论的拓展。

近年来，随着高通量测序技术的兴起，土壤微生物对草地退化的响应模式和机制的研究取得了一定进展。Li等（2016）发现青藏高原高寒草甸退化显著增加了土壤微生物多样性，细菌和真菌的多样性与植物多样性都不显著相关，丛枝菌根真菌的物种丰富度和丰度显著降低。Che等（2019）的研究结果表明，草地退化斑块的形成显著降低了微生物呼吸速率，改变了微生物类群之间的相互作用模式，增加了真菌多样性，但对微生物丰度没有显著影响。另外，在植被退化过程中，微生物对植物生长的负面影响（如真菌病原体）可能大于其正面影响（如菌根真菌）。总体上关于草地退化对土壤微生物群落影响的研究主要集中在高寒草甸土壤细菌和真菌群落分类多样性和结构的变化（Che et al., 2019；Yu et al., 2021），而对土壤微生物群落功能的响应研究较少，尤其是在亚高山草甸退化生态系统的研究中还未见报道。

研究区五台山位于山西省忻州市东北部，具有相对完整的高山和亚高山草甸生态系统。五台山亚高山草甸是华北最大的高山夏季牧场之一（马丽等，2018），面积106 993hm²。近年来，由于过度放牧、旅游活动和气候变化的影响，加之亚高山草甸植物生长期短、凋萎期长，五台山亚高山草甸面临严重的退化问题（罗正明等，2022）。虽然关于放牧和气候变化对五台山亚高山草甸生态系统影响的研究已经展开，但多是针对地上植被和地下土壤肥力的研究，而对该区域土壤微生物如何响应亚高山草甸退化的研究才刚刚起步。

本书以五台山不同退化程度亚高山草甸为研究对象，采用空间—时间替代法，选择了四种不同退化程度的亚高山草甸，运用Illumina Miseq高通量测序和宏基因组学技术研究了五台山亚高山草甸土壤微生物群落对草地退化的响应机制，为进一步完善亚高山生态系统土壤微生物群落构建机制提供数据支持，也为五台山乃至山西省亚高山草地生态系统健康评价、生态恢复技术研究和管理措施的制定提供数据支持和技术指导，对于充实和完善亚高山草甸退化综合防治基础理论，推动生态环境、自然资源可持续利用与社会经济的协调发展具有重要意义。

1.2 研究进展

1.2.1 土壤微生物多样性和群落结构

土壤微生物主要指土壤中体积小于 $5 \times 10^3\,\mu m^3$ 的生物体，主要包括细菌、真菌、放线菌、原生动物、病毒和小型藻类等（贺纪正等，2015）。土壤微生物是地球生物圈的基础，参与地球物质化学循环、有机质分解与合成、土壤团聚体形成、污染物降解、植物生长等过程，在农业、环境保护、资源开发和全球气候变化等方面均发挥着重要作用（贺纪正等，2015；Kuypers et al., 2018；Chen et al., 2018）。由于土壤微生物个体小、数量多、种类繁杂和土壤环境复杂等原因，目前为止仅1%～10%的土壤微生物被分离和鉴定（厉桂香和马克明，2018）。微生物肉眼难辨，受到研究技术的限制，微生物生态学的研究远远落后于动植物生态学，一度成为群落生态学的"黑匣子"。微生物生态学是研究微生物群落及其环境之间相互作用的科学，其应用基于分子和组学技术，克服了一些基于培养研究的局限性，从而促进了微生物生态学的发展。特别是近30年，不同环境下土壤微生物群落结构及其影响因素、土壤微生物多样性及群落构建机制、土壤微生物群落结构和功能、土壤微生物对养分循环调控、土壤-植物-微生物相互作用关系等方面的研究受到了广泛关注（贺纪正等，2015；吴建平等，2019）。

土壤微生物多样性与陆地生态系统的多功能性密切相关，并对一些重要的生态过程产生强烈影响。这就是为什么微生物生态学家在过去几十年里一直在努力描述，环境中，特别是土壤中微生物的多样性，并确定微生物群落结构和功能的驱动因素。全面了解环境因素如何驱动微生物群落的组成和多样性，不仅能够丰富土壤微生物生态学的理论，还可以准确预测环境变化对土壤微生物提供的生态系统服务的影响（傅声雷，2007；吴建平等，

2019），为生态系统的合理调控提供理论依据。最近的研究表明，pH（Liu et al., 2018；Shen et al., 2013）、含水量（Chen et al., 2015）、有机质（Xu et al., 2015）、氮（Zhao et al., 2019）、磷（Yang et al., 2019）、团聚体（Han et al., 2021）、质地（Bach et al., 2010）和矿物质（Whitman et al., 2018）等土壤理化性质、植被特征（吴建平等，2019）、气候参数（Chen et al., 2015）和人类活动（Steenwerth et al., 2005）是各种环境中微生物群落的组成、多样性和代谢潜力的关键驱动力。土壤微生物通过参与有机残体分解和养分循环等重要生化过程，影响陆地植物养分的供给，最终影响着陆地植被群落的初级生产力（傅声雷，2007；吴建平等，2019）。土壤微生物多样性和群落结构的变化影响土壤有机质周转，从而影响特定生态系统的功能（Xu et al., 2015）。由于土壤微生物在生物地球化学循环、生态系统相互作用、生态系统功能中所起的作用，提高对土壤微生物群落多样性、结构及其生态系统功能的空间格局和驱动因素的理解是必要的。未来，研究中应重点关注较大时空尺度和特殊生境（如全球气候变化敏感期、生态交错带等）下土壤微生物多样性以及群落结构的变化，探究土壤微生物多样性的分布格局与演替规律，分析微生物间及微生物与植物的互作关系，揭示陆地不同生态系统物质循环规律，探讨土壤微生物多样性对生态系统稳定性的影响。

1.2.2 土壤微生物驱动的碳氮循环

微生物在调节土壤生态系统功能如养分循环、有机质分解、土壤结构维持、温室气体产生和环境污染物净化等方面发挥着重要作用，是地球生物化学循环，特别是碳氮循环过程的主要驱动者。微生物具有生物量大、种类复杂、代谢功能多样、相互作用关系复杂等特点，介导了碳循环多个重要代谢过程（图1-1），如碳固定（CO_2转化成有机物的过程）、甲烷代谢（产甲烷和甲烷氧化过程）和碳降解（有机质的分解过程）等三个基本过程。具有相似功能的微生物类群构成微生物群落的基本功能单元，不同的功能群落共同调控和驱动碳循环各个过程，在响应全球气候变化、维持生态系统功能和稳定方面具有不可替代的作用（刘洋荧等，2017；Zhou et al., 2012；Bardgett et al., 2008）。

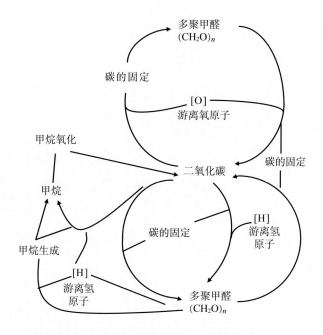

图1-1　微生物驱动的碳循环过程（刘洋莹等，2017）

Figure 1-1　Carbon cycle driven by microorganisms

土壤氮素生物地球化学循环是土壤物质循环的重要组成部分，不仅影响土壤质量以及农田等生态系统的生产力和可持续性，还会影响全球环境变化。所谓氮循环就是指N_2、无机氮化合物、有机氮化合物在自然界中相互转化过程的总称，包括氨化作用、硝化作用、反硝化作用、固氮作用等（图1-2）。土壤微生物在陆地生态系统中大量存在，广泛分布，在土壤氮循环中发挥着不可替代的作用，其中一些种类将生物圈中以N_2形式存在的氮通过固定生成氨氮，并进一步将其同化成有机氮或转化成硝态氮，又通过反硝化作用将硝态氮转化为N_2或NO。近十年来，随着分子生物学技术的发展，应用先进的分子系统学、微阵列技术和功能基因组学技术发掘基因组进化和功能信息（张晶等，2009；Yergeau et al.，2007），进而探索微生物功能基因多样性与土壤氮素循环之间的关系，成为重新评价土壤质量与功能的新切入点。

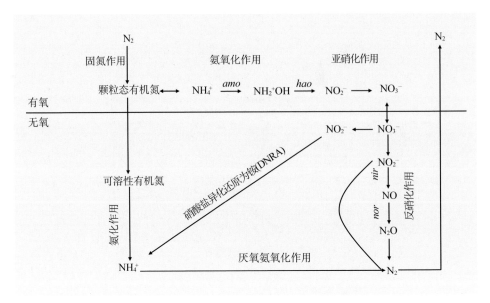

图1-2 微生物参与的氮循环过程（张晶等，2009）

Figure 1-2 Schematic processes of global nitrogen cycle driven by microorganisms

amo 代表氨单加氧酶；*hao* 代表细菌羟胺氧化还原酶；*nir* 代表亚硝酸盐还原酶；*nor* 代表氧化氮还原酶

1.2.3 高通量测序技术

高通量测序技术，也称为深度测序技术或下一代测序技术，该方法具有操作简单、通量高、信息量大的优点，为深入了解微生物群落的结构和功能提供了新的手段（杨媛媛，2019；白丽，2019；Liu et al., 2020）。在过去的10年里，高通量测序技术广泛应用于土壤微生物群落组成、结构和功能的研究，为全面分析微生物群落结构特征奠定了良好基础。目前，此技术已经在与土壤微生物相关的宏基因组测序、宏转录组和基因表达调控等方面得到了广泛应用（图1-3）。

微生物组最常用的高通量测序方法是扩增子和宏基因组测序（图1-4）。扩增子测序是微生物组分析中使用最广泛的测序方法，几乎可以应用于所有类型的样品。扩增子测序中使用的主要标记基因包括用于原核生物的16S rDNA、用于真核生物的18S rDNA和内转录间隔区（internal transcribed spacers，ITS）。16S rDNA扩增子测序是最常用的方法，但是目前可用引物列表较为混乱。扩增子测序可应用于低生物含量标本或被宿主DNA污染的样品。然而，该技术

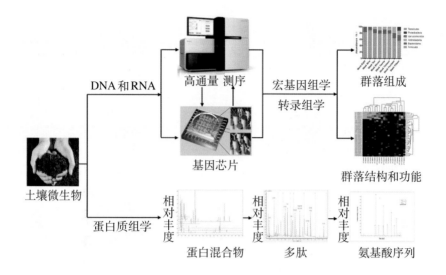

图1-3 土壤微生物群落高通量测序技术路线

Figure 1-3 High-throughput sequencing technology route for soil microbial community

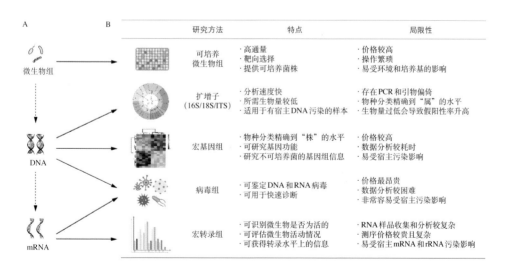

图1-4 各种高通量测序方法的优势和局限性（Liu et al., 2020）

Figure 1-4 Advantages and limitations of HTS methods used in microbiome research

只能达到"属"级分辨率（主要是由于测序片段较短，通常仅300～500bp）。此外，它的可靠性受引物和PCR循环次数影响，这可能导致下游分析出现假阳性或假阴性结果。宏基因组测序比扩增子测序提供了更多的信息，但是这种技术较昂贵。对于人类粪便等"纯"样本，每个样本可接受的测序数据量从6～12 GB不等。对于包含复杂微生物群（如土壤）或受宿主DNA污染的样品，每个样本所需的测序量需要30～300GB。总之，16S rDNA扩增子测序可以用于研究细菌或古菌的组成，如果需要更高的物种分类学分辨率和功能信息，则可随机抽取部分样本进行宏基因组测序。当然，假设有足够的可用资金，宏基因组测序可直接用于样本量较小的研究。

1.2.4 草地退化对草地生态系统的影响

草地占世界陆地面积的40%（Wang and Fang，2009），储存着全球10%的土壤有机碳（SOC）（Conant et al.，2001；Scurlock，2010），为人类提供了重要的生态系统服务，如蓄水、固碳、减缓气候变化等（Jones and Donnelly，2010；Chen et al.，2015）。由于草地面积大，碳存储量大，为人类提供了重要的生态系统服务，如蓄水、固碳、减缓气候变化等（Jones and Donnelly，2010；Chen et al.，2015）。据估计，全球范围内由于过度放牧导致超过23%的草地退化（Chen et al.，2016）。受气候变化及长期不合理的人为活动干扰，我国草地已成为世界陆地生态系统中退化最严重的地区之一，90%的可利用草地处于不同程度的退化状态，其中20%以上是由于过度放牧造成的，草地退化面积以每年2×10^6 hm² 左右的速度增加（李博，1997；杜宝红等，2018）。草地退化会引起一系列现象及后果，如草地植物生长速率减退，草地质量下降，土壤肥力下降，进而导致生物多样性、生产力和生态系统服务功能降低（赵陟峰等，2015；常虹等，2020；Wang et al.，2009）。

（1）草地退化对植物群落和土壤理化性质的影响。一些学者在退化草地的植物多样性、物种组成、地上植被盖度、草地生产力等方面做了大量研究。Li等（2016）在青藏高原研究了嵩草草甸退化过程中植物群落的变化，发现草地退化改变了植物群落的物种组成，莎草科植物比例减少，非禾本草本植物比例增加，植物的生物量、盖度和多样性显著降低。安渊等（1999）研究了锡林郭勒大针茅草原退化过程中植物群落的变化，发现草地退化导致植物群落特征、植物碳水化合物含量产生明显的差异。草地退化过程中，植物的组成发生明显变化，植物的优势种和亚优势种发生更替（章异平等，1997；周华坤等，2005），地上生物量和植被覆盖度明显减少（常虹等，2020），植物体内碳水化合物含量下降且重新分配（刘兴波等，2014）。退化草地中植物群落物种组成和有机化合物发生变化，使优质牧草的产量和质量均呈现出下降的趋势（刘卓艺等，2019）。

草地退化对土壤理化性质有显著的影响。研究发现草地退化是青藏高原高寒草甸土壤退化的直接原因，而土壤退化也必然引起植被退化，二者互为因果（周华坤等，2005）。邵玉琴等（2005）在内蒙古准格尔旗皇甫川流域发现，退化草地中土壤有机质、含水量等均下降。一项滇西北高寒草地的研究发现（金志薇等，2018），随着草地退化程度加大，土壤有机质、速效磷、速效钾含量以及土壤坚实度、湿度都减小，土壤容重增加。青藏高原高寒嵩草草甸退化过程中，土壤总碳、总有机碳、速效磷、速效钾、速效氮、黏粒和粉粒含量均显著降低，而砂含量显著升高（Li et al., 2016）。邵伟和蔡晓布（2008）发现西藏高原退化草地10年内土壤全氮、全磷分别下降21%～40%、20%～39%，有机质含量降低21.2%～39.8%。侯扶江等（2002）认为草地退化过程中一种重要的特征是植被和土壤两大系统间的耦合关系丧失。在草地退化过程中，首先表现为植被异质性，这导致土壤中某些元素的异质性（程晓莉等，2003）。由于土壤具有较强的抗退化能力和土壤稳定性特征，植被的退化特性无疑在土壤退化之前就已经显现出来（侯扶江等，2002）。一般来说，草地在过度放牧等人类活动干扰下，草地能量流和物质流可能处于不平衡状态，导致生产力下降，土壤子系统不能正常发挥其功能，限制了植物生长、发育所需要的空间、养分和水分，最终可能会反过来加剧草地的退化（周华坤等，2005）。总之，有关草地退化过程中植被和土壤的退化特征已经进行了大量研究也取得了一定成果，但其退化机理仍然需要继续深入研究。

（2）草地退化对土壤微生物群落的影响。土壤微生物群落是陆地生态系统中物种丰富度最高的组成部分，其对环境变化较敏感，能够较好地指示生态系统功能的变化。微生物在草地生态系统中具有重要地位，直接或者间接地参与所有生态过程，在生物地球化学循环和有机物循环中扮演着重要角色。不同的微生物表现出不同的能力／策略来有效利用土壤有机质，微生物分解者的组成直接影响各种生态系统过程，如 CO_2 通量和凋落物分解（Allison et al., 2010；Allison et al., 2013）。与植物相似，微生物的演替受到资源限制、非生物环境条件、生物相互作用和历史偶然性的制约（Zhou and Ning，2017）。然而，植物和微生物之间的生物学差异可能导致对草地退化的响应机制不同。因此，土壤微生物多样性、结构和功能如何响应草地退化是值得关注的问题之一。

近年来，高通量测序技术的兴起，土壤微生物对草地退化的响应模式和机制的研究取得了一定进展。Li 等（2016）的研究结果表明，草地退化显著改变了细菌和真菌群落组成，增加了它们的 α 多样性，且微生物和植物多样性的变化是不同步的。退化会显著增加植物发生病害的潜在风险，并降低青藏高原高寒草甸生态系统的健康水平。Che 等（2019）在青藏高原的研究表明，退化草甸斑块的形成显著降低了微生物呼吸速率，改变了微生物分类群之间的相互作用模式，增加了真菌多样性，但对微生物丰度无显著影响。此外，退化斑块的形成对原核生物和真菌群落组成均有显著影响。Zhang 等（2018）的结果也证实青藏高原高寒草甸退化对植物和土壤特性均有显著影响，从而驱动土壤微生物群落结构的变化。另外，在植被退化过程中，微生物对植物生长的负面影响（如真菌病原体）可能大于其正面影响（如菌根真菌）。Olff 等（2020）发现，来自植被退化土地中的土壤微生物群落，比来自附近拥有正常植被的土地中的土壤微生物对植物生长的危害更大。对受干扰生态系统中微生物物种组成变化的研究表明，微生物群落是随着扰动的增加而逐渐变化的，这可能反映了环境条件的相应变化，也可能影响到生态系统的功能（Yang et al., 2013）。关于草地退化对土壤微生物群落的影响研究主要集中在高寒草甸土壤细菌和真菌群落分类多样性和结构的变化（Li et al., 2016；Che et al., 2019），而对土壤微生物群落功能的响应研究较少，尤其是在亚高山草甸退化生态系统中还未见报道。

（3）草地退化过程中植物-土壤-微生物间的协同效应。草地退化过程中，植物和土壤条件等环境变量发生了明显的变化，不可避免地影响着土壤微生物群落的组成和多样性。土壤微生物作为地上植物群落和地下土壤生态系统的纽带，直接参与植物凋落物分解、养分循环、根系养分吸收等生态系统过程，对退化草地中植物生长、竞争、生态系统功能和稳定性产生重要影响（白丽，2019）。草地退化过程中植物地上和地下生物量的减少，减少了凋落物和根系碳的输入，可能会影响微生物基质的有效性，降低微生物丰度，抑制土壤微生物活性（Fanin and Bertrand，2016）。此外，植物群落组成的变化可以显著影响与植物密切相关的植物病原菌和植物共生微生物（Lamb et al.，2011）。草地退化引起的土壤养分状况和植物参数的变化可能会导致微生物群落结构和功能的变化，促使植物和微生物之间的协同进化。土壤属性、土壤微生物、植物多样性相互依存、互相影响。目前草地生态系统中植物-土壤-微生物间协同效应主要集中于植被恢复过程（白丽，2019），而针对草地退化过程的研究相对较少。

1.2.5 亚高山草甸生态系统

亚高山是一种没有绝对海拔限制的，属于地植物学概念的，具有特定植被内涵的区域（刘彬等，2010）。亚高山草甸类草地以多年生中生草本植物为主、以耐寒冷的嵩草以及苔草、禾草为建群植物的草地群落（庞晓瑜等，2016）。亚高山草甸草地广泛分布于世界各地，主要分布于欧洲的阿尔卑斯山脉，北美的内华达山脉和落基山脉亚高山带，以及亚洲喜马拉雅山脉东部、西部和横断山脉（武吉华等，2004），海拔约为1 500～3 500m。目前我国对于草地生态系统中土壤微生物群落的研究区域多集中在内蒙古草原、西北荒漠草地、青藏高原高寒草甸等北方和西部草地（Yao et al.，2017；Wang et al.，2009），而对位于华北地区的亚高山草甸草地中土壤微生物群落的研究还很薄弱，尚处在起步阶段。

山西省较大的山系中，几乎都有亚高山草甸的分布，如太岳山、吕梁山、五台山、中条山等山系林线以上的高海拔地带均有典型亚高山草甸分布，总面积500多万亩[*]，其中五台山亚高山草地面积最大达到183万亩（马丽等，2018）。草甸草地分布区内的土壤为亚高山草甸土，有机质含量丰富，枯草层较厚。草甸草地植被组成主要以中生耐寒的多年生草本为主，常见的有苔草属（*Carex* spp.）、嵩草属（*Kobresia* Willd.）、菊科（Compositae）、豆科（Leguminosae sp.）、莎草科（Cyperaceae）等科属植物（马丽等，2018）。山西省亚高山草甸均分布在省内发源的汾河、沁河、滹沱河、漳河等河流的上游，

---

* 亩为非法定计量单位，1亩等于1/15hm^2。

与上游的天然林一起形成重要的绿色屏障，在保持水土、涵养水源等方面发挥着重要作用。同时，亚高山草甸类草地是山西省重要的畜牧业生产基地和优良的夏季牧场（武锋平等，2012）。相对于干旱区草地类型，亚高山草甸草地利用方式更加多元、退化过程和机制更加复杂，由于高生产力、高多样性的表观特征，草甸草地实际退化程度被严重低估。另一方面，亚高山草甸地处高寒地区，生态环境相对严酷，植被一旦破坏将很难恢复。因此，如何维持和提高亚高山草甸类草地生产力，加快退化亚高山草甸生态系统的恢复并保护生物多样性，是当前亚高山草甸生态系统研究中亟须解决的理论和现实问题。

1.3 研究内容

以五台山不同退化程度的亚高山草甸为研究对象，运用 Illumina Miseq 高通量测序技术，研究土壤微生物物种（细菌和真菌）和多样性变化特征及驱动机制；鉴定微生物参与碳、氮元素循环等功能基因，揭示土壤微生物介导氮循环和碳循环功能潜力的变化规律，分析亚高山草甸退化过程中植被-土壤-微生物间的协同演变关系；阐明亚高山草甸退化过程中养分流失的潜在微生物学机制。主要从以下几个方面进行研究：

（1）亚高山草甸退化过程中土壤理化性质和植物群落变化特征。根据研究区域草地退化程度，采用草地退化五级梯度标准，利用空间分布代替时间演替的方法来研究植物群落演替动态和土壤特征的变化。植物群落调查参数包括样方内所有植物种的分盖度、高度和密度，以及植物群落的高度、盖度和地上生物量，最后计算植物群落的丰富度指数和多样性指数。

（2）土壤微生物群落多样性和结构对亚高山草甸退化的响应机制。研究不同退化程度亚高山草甸土壤微生物群落组成、结构及多样性分布格局，分析亚高山草甸退化过程中土壤微生物群落结构和多样性变化的驱动因子，探讨土壤微生物群落网络结构、关键物种以及微生物内部物种之间的互作关系。

（3）土壤微生物群落功能多样性特征对亚高山草甸退化的响应机制。使用宏基因组测序方法测定亚高山草甸退化过程中土壤微生物分类和功能基因多样性的变化，研究亚高山草甸退化对土壤微生物群落的分类和功能多样性的影响；阐明草地退化过程中环境因子对土壤微生物分类和功能类群的影响，从功能结构上揭示微生物群落对草地退化的响应机制。

（4）亚高山草甸退化过程中碳氮养分流失的潜在微生物学机制。分析土壤微生物介导氮循环和碳循环功能潜力的变化；确定影响微生物碳氮循环变化的主要驱动因素，探索退化亚高山草甸中微生物介导的碳、氮循环对退化的响应及其与土壤养分流失的关系。

（5）亚高山草甸退化过程中"植被-土壤-微生物"的交互适应机制。研究不同退化程度亚高山草甸植物群落、土壤理化性质与微生物群落（分类与功能多样性、组成、碳氮循环功能）之间相互作用的关系；对比地上植物群落多样性和地下微生物群落的变化格局与驱动机制，分析地上植物和地下微生物群落的互作关系；揭示亚高山草甸退化过程中植被-土壤-微生物交互适应机制。

1.4 拟回答的关键科学问题

（1）亚高山草甸退化对土壤微生物群落分类和功能多样性以及潜在功能的影响？土壤微生物介导的碳氮循环对草地退化的响应及其与土壤养分流失的关系？

（2）亚高山草甸退化过程中植物群落、土壤理化性质以及土壤微生物群落间的协同演变机制？

1.5 创新点

本研究的创新点主要体现以下 2 个方面：

（1）将研究视角从地上转向地下，使用扩增子测序和宏基因组测序技术，整合微生物分类学和功能信息，研究亚高山草甸退化对土壤微生物群落分类和功能多样性以及潜在功能的影响，探讨亚高山草甸退化过程中土壤碳和氮养分流失的潜在生物学机制。

（2）将"植被-土壤-微生物"作为完整的系统，采用分子生态网络和结构方程模型等方法，揭示三者间复杂的交互关系及潜在的生态功能，为亚高山退化草甸的修复和科学评价提供更为系统和全面的数据。

1.6 技术路线

设置不同退化程度草甸试验样地，采集土壤样品，提取DNA，通过扩增子测序和宏基因组测序等方法分析土壤微生物群落组成、多样性、结构和功能特征。结合土壤理化性状、植被参数和地理空间参数等，利用NMDS、ANOSIM、RDA和Mantel方法研究土壤微生物群落结构及其与环境因子的关系，采用网络图等分析微生物群落间的相互作用关系，阐明土壤微生物群落结构和功能对亚高山草甸退化的响应及驱动机制，探讨亚高山草甸退化过程中土壤碳和氮流失的潜在生物学机制，揭示草甸退化过程中植被-土壤-微生物间的协同演变关系。技术路线见图1-5。

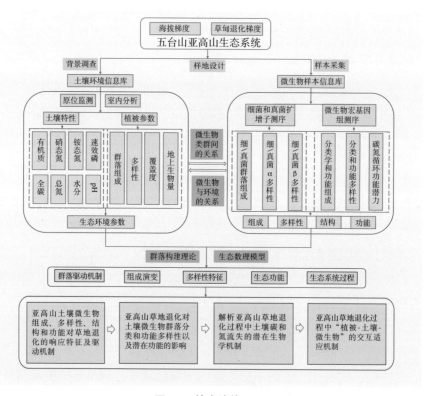

图1-5　技术路线图

Figure 1-5 Technical route map

2. 研究区概况与实验方法

2.1 研究区概况

2.1.1 地理位置

五台山位于山西省东北部，黄土高原东北缘，在北纬38°27′—39°15′、东经112°48′—113°55′（崔本义等，2011）。五台山西部和北部以滹沱河为界，东部是山西省五台县与河北省阜平县、平山县的分水岭，南部直抵山西省五台县和盂县分界区域，包括山西省五台县全境、繁峙县南部山区、代县东南部山区、原平市东部山区、定襄东北部山区、盂县北部山区和河北阜平县西部山区，总面积6 530hm²（刘楠，2019）。五台山因有五座顶似平台的山峰而得名，以五座台顶为主峰，峰峦连绵，蜿蜒延伸，北台叶斗峰，海拔3 061.1m，是华北地区最高峰，有"华北屋脊"之称，其余还有东台望海峰（2 795m），西台挂月峰（2 773m），中台翠岩峰（2 894m），南台锦绣峰（2 485m）。五峰之内，称为台内，五峰之外，称为台外（侯文正，2003）。

2.1.2 地质地貌

五台山地层完整丰富，是中国最古老的地质构造地区之一，其形成可追溯到距今约26亿年前。其地处华北大陆的腹地，与恒山—太行山连续，相对高差约达2 400m，大面积出露了地壳不同层次的岩层和地质构造，完美展示出中国大陆基底的地质构造和地质组成（刘楠，2019）。五台山拥有独特而完整的地球早期地质构造、地层剖面、古生物化石遗迹、新生代夷平面及冰缘地貌，完整记录了地球新太古代晚期—古元古代地质演化历史，具有世界性地质构造和年代地层划界意义和对比价值，是全球地质科学界研究地球早期演化以及早期板块碰撞造山过程的最佳记录，是开展全球性地壳演化、古环境、生物演化对比研究的典型例证（景天星，2012）。

由于历次地质构造运动，使境内地形表现为重峦叠嶂、丘陵起伏、沟壑纵横、高差悬殊的特征。整个五台山属于中山区，从高到低地貌类型分为亚高山、中高山、中山、低山、山麓丘陵、倾斜平原、河谷阶地。在漫长的地球演进中，五台山经过了"铁堡运动""台怀运动""五台运动""燕山运动"，形成了"五台群"绿色片岩及"豆村板岩"构成的"五台隆起"，具有高亢夷平的古夷平面、十分发育的冰川地貌、独特的高山草甸景观，更有第四纪冰川及巨大剥蚀力量造成的"龙磐石""冻胀丘"等冰缘地貌的奇观（田永清，2007）。中国的冰缘地貌，主要分布在青藏、西北高山地区和大兴安岭一带，而华北仅见于五台山。

2.1.3 气候特征

五台山地处于暖温带半干旱型森林草原气候带北端，为明显的大陆性气候。境域内气候四季变化明显：春季温暖、干燥、多风沙，夏季高温、潮湿、多雨，秋季有短时秋高气爽天气，冬季寒冷干燥，但五台山台内夏季形成的小气候却十分清凉宜人，是理想的度假、避暑之地（戴君虎，2005）。五台山山区是华北地区的最冷区，最冷月份在1月，平均气温为−9.2℃。随海拔的升高，年平均气温由12℃下降到−5℃。5—9月平均气温在10～20℃。境域内气温昼夜温差较大。气温日差介于9.4～12.6℃。降水量随时间变化，春季降水占全年降水的10%，夏季降水高度集中，7—8月平均两日即有一次降水，占全年降水的70%，秋季降水占15%，冬季降水稀少，占1%～5%。但因高差悬殊，五台山气候呈明显的垂直分布，由冷温、凉润、湿（半）润到暖（半）旱。无霜期由130d下降为小于60d，年降水量由450 mm增加到1 000mm（王坤，2015）。

2.1.4 水文特征

五台山境域内水资源丰富，溪流很多，终年不竭，主要河流为滹沱河、清水河，属海河水系。其他众多小河流多注入滹沱河和清水河。境域内泉水较多，其中较大泉水有台怀镇般若泉、中台太华池、滴水洞等，由于受地壳运动的影响，在风化裂隙中形成了丰富的地下水。

2.1.5 土壤特征

五台山成土母质以变质岩、石英岩、白云岩为主，土壤分布具有明显的垂直分带特征，从山麓到山顶依次出现褐土性土、山地淋溶褐土、山地棕壤、山地草甸土和亚高山草甸土，共有7个土类，18个亚类，72个土属，95个土种（崔本义等，2011）。在海拔2 700m上的台山顶部缓坡平台上，由于地势高亢，冰冻期长，自然植被以耐湿寒性的嵩草、苔草为主。在高寒湿润与高寒草甸植被共同作用下，形成独特的亚高山草甸土带。亚高山草甸土下缘海拔2 200～2 700m，为山地草甸土。由于草甸茂密，腐殖质化及冻融作用较弱，偶有锈纹锈斑出现。山地草甸土下缘海拔1 800～2 500m，广泛分布棕壤，上与山地草甸土交错分布，下与淋溶褐土接壤，雨量充沛、气候凉爽，土体长年湿润，土壤呈微酸性至中性反应。棕壤下缘海拔1 500～1 800m，为淋溶褐土带。有时与棕壤呈复域交错，其下常与粗骨土或褐土性土交错分布。土体淋溶充分，呈中性反应，盐基不饱和。海拔1 400～1 500m广泛分布褐土性土。由于海拔低，降水量显著较少，土壤好气微生物活动旺盛，有机质积累少，土壤淋溶较弱，发育差，全剖面有不同程度的石灰反应（王坤，2015）。

2.1.6 植物特征

五台山地形复杂，海拔悬殊，这些不同的地形、海拔、气候，都影响着植物的种类以及地理分布状况。由高海拔到低海拔，植被类型的变化是高山草甸、亚高山草甸、森林灌丛、草本灌丛、旱生草本、湿生草本植被。从海拔高度而言，2 800m以上的高山顶部，植被为高山草甸；2 400～2 800m，亚高山平台和亚高山缓坡处，植被为山地草甸；1 200～2 400m，中山、低山为森林、灌木植被；850～1 300m的黄土丘陵区，为草灌、旱生草本植被，850m以下的沿河阶地及低洼处为喜湿性湿生草本（崔本义等，2011）。由此可见，海拔高度对植被类型有着直接的影响。但是，在同一海拔高度上，由于坡向的不同，干湿各异，植被类型又有一定的差异。五台山森林、草地资源丰富，森林面积约19 620hm^2，覆盖率约44.83%，其中天然林地占63%，人工林占

37%；草地面积约256 267hm²，占全省天然草地的7%。加之五台山水流多，水质好，成为理想的夏季牧场。

2.1.7 亚高山草甸

五台山亚高山草甸是我国华北最大的高山夏季牧场之一，面积106 993hm²，同时也是重要的绿色生态屏障（庞晓瑜等，2016）。五台山高山及亚高山草甸主要分布于2 400～3 061m的山顶及缓坡地段。海拔2 800m以上主要分布着以高山嵩草为优势种，直梗高山唐松草、珠芽蓼为主要伴生种的高山草甸群落；海拔2 800m以下主要分布着以高原嵩草和嵩草为优势种，珠芽蓼、雪白委陵菜、紫苞凤毛菊、苔草等为亚优势种的亚高山草甸群落。五台山全年放牧期集中在6—8月。在夏季放牧期间，为了便于畜养管理，大量牲畜高密度地集中在一起，导致超载，植被破坏严重，部分地区形成退化斑块甚至裸露地（章异平等，2008）。从山西省忻州市牧草饲料工作站的监测数据来看，五台山亚高山草地无论是植被盖度、草群高度，还是产草量、可食产草量都呈逐年下降的趋势，60%的草地已经出现不同程度的退化，其中中度以上退化的草地占整体退化草地的一半（武锋平等，2012）。

2.2 样地设置与样品采集

基于植被盖度、物种优势度、地上生物量等指标（Wang et al.，2009）划分了四种不同退化程度的亚高山草甸，包括未退化（Non Degraded）、轻度退化（Lightly Degraded）、中度退化（Moderately Degraded）和重度退化草地（Heavily Degraded）（表2-1）。每个退化草地样地面积为100m×100m，样地之间的最大距离不超过500m。土壤类型均为亚高山草甸土。未退化草地的原生植被以小嵩草（*Kobresia pygmaya*）为优势种，同时伴生有直梗高山唐松草（*Thalictrum alpinum*）和珠芽蓼（*Polygonum viviparum*）。在退化过程中，优势植被逐渐被鹅绒委陵菜（*Plantago depressa*）和平车前（*Plantago depressa*）所取代（表2-1）。

表 2-1 亚高山草甸草地不同程度退化指标及分类标准

Table 2-1 Indicators and classification standards for different degrees of subalpine meadow degradation

退化程度	植被盖度（%）	地上生物量（%）	可食植物比例（%）	可食植物高度（cm）
ND	90 ~ 100	90 ~ 100	> 70	> 25
LD	70 ~ 90	70 ~ 90	50 ~ 70	20 ~ 24
MD	50 ~ 70	50 ~ 70	30 ~ 50	12 ~ 19
HD	30 ~ 50	30 ~ 50	15 ~ 30	3 ~ 11
SD	< 30	< 30	< 15	< 2

注：ND未退化草地；LD轻度退化草地；MD中度退化草地；HD重度退化草地；SD极度退化草地。

2018年8月，采用了随机抽样的方法，确保在不同退化程度草地样地进行有代表性的抽样。在每种不同退化程度草地斑块中随机选取5个1m×1m的样方，样方之间距离大于50m，共选取20个小样方进行采样。在每个样方内，利用对角线多点（共5点）混合取样的方法对0 ~ 10cm表层土壤进行采样，混为一个样品。将土壤样品通过孔径2mm的筛网，去除大部分根系、动物和石头。然后将样品分为两部分，一部分样品保存−80℃冰箱进行分子生物学分析，另一个样品风干进行理化分析。在每个样方中调查植被参数，记录每种植物的名称、高度、盖度及多度等指标。用植物丰富度指数（richness）和香农-威纳指数（Shannon-Wiener）表示植物的α多样性（罗正明等，2020）。

2.3 实验方法

2.3.1 土壤理化性质测定

烘干法测定土壤含水量（SWC）；便携式土壤参数检测仪（HA-TR-III，中国）测定土壤电导率（EC）和土壤温度（ST）；土壤pH用电位法（HANNA，意大利）测定（土水比为1：2.5）；总碳（TC）和总氮（TN）通过元素分析仪（Elementar Vario MACRO，德国）测定；采用$K_2Cr_2O_7$氧化法测定土壤有机碳（SOC）；铵态氮（NH_4^+-N）、硝态氮（NO_3^--N）、亚硝态氮

（NO$_2^-$-N）采用间断元素分析仪（CleverChem 380，德国）测定。用钼蓝法测定土壤有效磷（AP），用火焰光谱法测定土壤有效钾（AK），按Lampurlanés和Cantero-Martinez的方法（2003）测定土壤容重。

2.3.2 DNA提取及PCR扩增

称取0.5g土壤样品，使用E.Z.N.A.®土壤DNA试剂盒（Omega Bio-tek，USA）按照试剂盒使用说明书步骤提取和纯化土壤微生物DNA。将每个采样点的三个土壤样品等体积混合，一共15个DNA样品。分别采用338F和806R引物对细菌16S rRNA的V3～V4高可变区（赵鹏宇，2019），ITS1F和ITS2R引物对真菌核糖体的ITS1高可变区进行PCR扩增。扩增体系总体积为20μL，包括5μmol/L正反引物0.8μL，5×FastPfu Buffer 4μL，2.5mmol/L dNTPs 2 μL，FastPfu Polymerase 0.4μL，0.2μL的BSA，10ng DNA模板（刘晋仙等，2017）。每组引物的PCR反应条件见表2-2，每个样本均进行三次PCR扩增反应。

表2-2　细菌和真菌引物信息及PCR反应条件

Table 2-2 Bacterial and fungal primer information and PCR reaction conditions

	引物	引物序列（5'-3'）	目标基因	目标区	PCR反应条件
细菌	338 F	ACTCCTACGGGAGGCAGCAG	16S	V3～V4	95℃ 3min（预变性），共27个循环，95℃ 30s（变性），55℃ 30s（退火），72℃ 45s（延伸），72℃ 10min（终延伸）
	806 R	GGACTACHVGGGTWTCTAAT			
真菌	ITS1 F	CTTGGTCATTTAGAGGAAGTAA	ITS	ITS1	95℃ 3min（预变性），共36个循环，95℃ 30s（变性），55℃ 30s（退火），72℃ 45s（延伸），72℃ 10min（终延伸）
	ITS2 R	GCTGCGTTCTTCATCGATGC			

2.3.3 高通量测序及生物信息学分析

将细菌和真菌扩增产物送往上海美吉生物医药科技有限公司Illumina

Miseq测序平台进行高通量测序。原始序列经过质控后，剔除嵌合序列，剩下的序列使用UPARSE以97%的相似性作为阈值划分分类操作单元（Operational Taxonomic Units，OTUs）。细菌和真菌序列分别与Greengenes数据库和UNITE真菌ITS数据库进行比对（均以97%的相似度对序列进行OTU聚类），设置比对阈值为70%（李彪等，2018）。去除在所有样品中丰度小于0.001%的OTUs。所获得的序列按最小样本序列数抽平，用于下游分析。

2.3.4 宏基因组测序及生物信息学分析

每个土壤样品提取5次混合为一个DNA样品。每个样品中取1μg检测合格的DNA样品送往上海美吉生物医药技术有限公司的Illumina HiSeq4000平台（Illumina Inc.，San Diego，CA，USA）上进行末端配对测序。使用软件fastp（https：//github.com/OpenGene/fastp）剪切序列3'端和5'端的adapter序列，去除质量剪切后长度小于50bp、平均质量值低于20以及含N碱基的reads，保留高质量的pair-end reads和single-end reads用于宏基因组分析（郭彦青，2017）。基于succinct de Bruijn graphs方法，使用MEGAHIT（https：//github.com/voutcn/megahit）组装具有不同测序深度的序列。选择长度≥300bp的Contigs作为最终组装结果，并用于下一步的基因预测和注释。使用MetaGene（http：//metagene.cb.k.u-tokyo.ac.jp/）对contigs中的开放阅读框（ORFs）进行预测。选取核酸长度≥100bp的基因，翻译成氨基酸序列，得到每个样本的基因预测结果统计表。使用CD-HIT对所有样本的预测基因序列进行聚类分析（identity≥95%，coverage≥90%），每个类中最长序列为代表序列，构建非冗余基因集。使用SOAPaligner（http：//soap.genomics.org.cn/）将每个经过质检reads映射到非冗余基因集（identity≥95%），并计算相应样本中基因的丰度信息（Guo et al., 2018）。使用BLASTP（http：//blast.ncbi.nlm.nih.gov/Blast.cgi）将非冗余基因集与NCBI-NR、eggNOG、KEGG（Kyoto Encyclopedia of Genes and Genomes，http：//kobas.cbi.pku.edu.cn/home.do）、CAZY（Carbohydrate-Active Enzymes，http：//www.cazy.org/）数据库比对，获得物种、功能以及碳水化合物活性酶注释信息，然后使用物种或功能类别对应的基因丰度总和计算该物种和功能的丰度（BLAST比对参数设置期望值e-value为$1e^{-5}$）。

2.3.5 分子生态网络构建

基于高通量测序数据，对五台山亚高山草甸土壤细菌、真菌和整个微生物群落（包括细菌和真菌）分别进行系统发育分子生态网络构建（pMENs，phylogenetic molecular ecological networks）。为了简化微生物分子生态网络计算的复杂性，以属水平相对丰度为对象，采用基于随机矩阵理论（random matrix theory，RMT）的网络方法在Molecular Ecological Network Analyses Pipeline（MENA）（http：//ieg4.rccc.ou.edu/mena）网站上构建pMENs，并确定网络拓扑性质（Deng et al.，2012）。这种网络构建方法旨在了解群落内不同物种之间的相互作用及其对环境变化的响应。网络构建包括四个主要步骤：数据收集、数据转换/标准化、成对相似度矩阵计算和基于RMT方法的邻接矩阵确定（Deng et al.，2012；胡晓婧，2018）。获得属水平物种数据表后，对属水平相对丰度数据进行lg标准化处理，如果配对的有效值不可用，则用非常小的数字（0.01）填充缺失值，按格式要求上传数据（冯璟，2020）。用Pearson相关系数（r值）计算两个转换后物种之间的相关性，构建相关性矩阵。然后通过取绝对值将相关矩阵转换为相似矩阵。然后，根据相似度矩阵，应用合适的相似度阈值St，得到编码每对节点之间连接强度的邻接矩阵（De Vries et al.，2018）。利用Cytoscape 3.6.1软件导入网络文件及相应的节点数据文件对网络进行可视化处理，得到网络结构图及相关信息。包括节点数、节点之间的连线、连通度、路径长度（path distance）、聚集系数（clustering coefficient）、模块性（modularity）等网络拓扑性质。用模块间连通度（Pi）和模块内连通度（Zi）指标将节点划分为四大类型：网络枢纽（$Pi > 0.62$且$Zi > 2.5$）、模块枢纽（$Pi \leqslant 0.62$且$Zi > 2.5$）、连接节点（$Pi > 0.62$且$Zi \leqslant 2.5$）和外围节点（$Pi \leqslant 0.62$且$Zi \leqslant 2.5$）（汪峰等，2014）。最后，用相同的网络数据（相同的节点和连接数）构建随机网络比较随机网络和分子生态网络之间的差异。

2.3.6 结构方程模型构建

结构方程模型（Structural Equation Model，SEM）是基于变量的协方差矩阵分析变量之间关系的一种高等统计方法，可以检验模型中的显变量与潜变量之间的关系并计算出其直接影响、间接影响和总影响。基于扩增子高通量测序的数据，采用结构方程模型分析草地退化过程中土壤、植物、细菌和真菌群落结构之间的关系，基于宏基因组数据构建结构方程模型研究草地退化过程中土壤、植物、微生物群落机构与功能的关系。首先基于生物学知识假设一个先验模型，通过前选择确定相关的土壤环境因子，用 NMDS 第一轴的得分表示植物、真菌和细菌群落结构组成，以及碳、氮循环功能（De Vries et al.，2018），采用 SPSS 25.0 软件计算变量之间的相关性，将相关矩阵导入 AMOS 17.0（SPSS，Chicago，IL，USA）。选取卡方值（$P > 0.05$）、拟合优度指数（$GFI > 0.90$）、近似误差均方根（$RMSEA < 0.05$）等一系列参数评价模型的适合度（Zhao et al.，2019）。

2.3.7 数据分析

基于 R studio vegan 包，计算真菌和植物的 α 多样性和 β 多样性，采用非度量多维尺度分析（non-metric multidimensional scaling，NMDS）和相似性分析（analysis of similarity，ANOSIM）对不同退化程度草地土壤微生物群落分类和功能多样性的差异进行比较。基于线性判别分析（linear discriminant analysis，LDA）和 LEfSe 分析（linear discriminant analysis effect size）来估算土壤真菌群落门、纲、目、科和属分类学水平的物种丰度对差异效果影响的大小（$P < 0.05$ 和 LDA 评分 >3.5），识别潜在的生物标记物（biomarker）（Hu et al.，2017）。采用冗余分析（redundancy analysis，RDA）（vegan 包中的 rda（）函数）评价微生物群落与环境变量之间的相关性。在 RDA 之前，使用逐步回归和蒙特卡罗置换测试对所有环境变量进行前选择（packfor 包中的 forward. sel（）函数），选择具有统计学意义（$P < 0.05$）的环境变量进行下一步分析。采用方差分解分析（variance partitioning analysis，VPA）了解土壤理化性质和植物变量对细菌和真菌群落结构变化的影响（CANOCO 5.0）。采用 Mantel 和偏 Mantel 检验评价微生物群落与土壤理化性质和植物变量的相关性。用 STAMP（Statistical Analysis of Metagenomic Profiles）软件分析未退化草地和退化草地土壤微生物功能基因

的相对丰度。基于样本的物种/功能基因丰度，分别计算物种/功能的 α 多样性和 β 多样性。利用 IBM SPSS statistics 20 进行皮尔逊相关性分析以及采用单因素方差分析（one-way analysis of variance）和 Duncan 多重比较分析进行显著性差异分析。所有统计分析的显著性水平均为 $P < 0.05$。

3.土壤微生物多样性及群落结构对亚高山草甸退化的响应

　　草地退化已经成为了一个世界性的生态问题，由于过度放牧导致全球超过23%的草地出现退化。我国已成为世界陆地生态系统中草地退化最严重的地区之一，草地退化面积以每年2×10^6 hm²左右的速度增加（杜宝红等，2018）。目前，在生态环境脆弱的黄土高原草地退化面积已达1 400万 hm²，约占该地区总面积的22%，草地质量和功能逐渐下降（Hu et al.，2017）。亚高山草甸草地作为重要的草地类型，具有调节气候、维持生物多样性、保持水土、提供饲料等重要的生态功能（庞晓瑜等，2016）。低温环境下的亚高山草甸对气候变化响应极为敏感，是监测气候变化的理想实验场所和研究生物多样性保护的热点地区（庞晓瑜等，2016）。近年来在气候变化和人为干扰等多重因素的影响下，亚高山草甸发生了不同程度的退化，生物多样性下降，生产力降低，导致生态系统功能的衰退和恢复能力的减弱（章异平等，2008）。

　　土壤微生物调节着许多对草地生态系统功能至关重要的生物地球化学过程，包括养分循环，其组成和多样性对干扰很敏感（罗正明等，2022；Che et al.，2019）。与植物相似，微生物的演替受到资源限制、非生物环境条件、生物相互作用和历史偶然性的制约（Zhou and Ning，2017）。然而，植物和微生物之间的生物学差异可能导致对退化草地的响应机制不同。植物凋落物沉积和根系分泌物对微生物群落产生重要影响表明，植被是草地退化过程微生物群落周转的重要驱动因素（Wu et al.，2014）。目前，亚高山草甸退化对土壤微生物组成及其多样性的影响尚不清楚。土壤微生物群落作为土壤生物地球化学循环的核心，参与许多生态系统过程的调控，其组成和多样性对外界的干扰非常敏感（Cheng et al., 2018）。土壤基质有效性（Pietri and Brookes，2009）、酶活性（尹亚丽等，2017）、植物属性（Wang et al., 2018）和环境异质性（Logares et al., 2013）是影响土壤微生物群落的重要因素。因此，草地退化过程中土壤养分有效性、植物组成和生物量的明显变化必然会改变土壤微生物群落的组成和多样性（Wu et al., 2014）。揭示微生物群落的组成和多样性对亚高山草甸退化的响应及其关键影响因素，可以为亚高山草甸健康评估和管理提供重要见解。

研究样地五台山位于山西省黄土高原东北部边缘，具有相对完整的高山和亚高山草甸生态系统。然而，近年来，由于过度放牧、旅游活动和自然气候的影响，加之亚高山草甸植物生长期短、凋萎期长，五台山亚高山草甸面临严重的退化问题（江源等，2010）。虽然放牧和气候变化对五台山亚高山草地生态系统影响的研究已经展开，但多是针对地上植被部分和地下土壤肥力的研究（章异平等，2008），而对该区域土壤微生物多样性与群落结构如何响应亚高山草甸退化的研究未见报道。

采用空间—时间替代法（Wang et al., 2009），选择了五台山四种不同退化程度的亚高山草甸，包括未退化（non degraded，ND）、轻度退化（lightly degraded，LD）、中度退化（moderately degraded，MD）和重度退化（heavily degraded，HD）草甸。运用 Illumina Miseq 高通量测序技术，选择不同退化程度草甸土壤微生物群落为研究对象，旨在探讨：（1）沿草地退化梯度，土壤微生物群落组成和多样性变化格局；（2）亚高山草甸退化条件下土壤微生物群落的变化如何随土壤和植物特性的变化而变化。

3.1 亚高山草甸退化过程中土壤理化性质和植物群落特征变化

不同退化程度亚高山草甸土壤性质和植物变量如表3-1所示。铵态氮（NH_4^+-N）、pH、土壤容重随退化程度增加而增加，而总碳（TC）、土壤含水量（SWC），土壤有机质（SOM），植物盖度、高度和地上生物量（AGB）随着退化程度增加而减少（表3-1）。与 ND 草甸相比，MD 和 HD 草甸的 SWC、

表3-1 亚高山草甸退化过程土壤理化性质和植物群落特征

Table 3-1 Plant and soil properties along the subalpine meadow degradation gradient

参数 Parameters	未退化草甸 (ND)	轻度退化草甸 (LD)	中度退化草甸 (MD)	重度退化草甸 (HD)
土壤含水量 Soil water content (%)	39.17±0.76a	31.46±0.90b	21.59±0.91c	20.79±2.49c
容重 Bulk density (g/cm³)	1.08±0.03d	1.15±0.06c	1.22±0.06b	1.35±0.07a
电导率 electrical conductivity (μs/cm)	95.0±3.21a	127.8±6.77a	120.0±16.23a	104.0±20.46a
土壤酸碱度 (Soil pH)	6.87±0.12c	7.12±0.12b	7.32±0.04ab	7.46±0.03a
总氮 Total nitrogen (%)	0.46±0.02a	0.56±0.01a	0.31±0.06b	0.30±0.03b
总碳 Total carbon (%)	6.69±0.24a	5.72±0.33a	3.58±0.58b	3.08±0.28b
有机质 Soil organic matter (g/kg)	155.96±10.04a	114.20±2.48b	81.38±14.94c	43.67±8.19d
硝态氮 NO_3^--N (g/kg)	34.22±4.38b	21.63±1.79b	77.68±19.03a	52.46±12.74ab
硝态氮 NO_3^--N (g/kg)	14.76±1.66a	12.63±1.79a	10.92±2.09a	10.48±1.31a
铵态氮 NH_4^+-N (g/kg)	2.06±0.19c	2.80±0.17b	2.85±0.13b	3.55±0.19a
速效磷 Available phosphorus (mg/kg)	13.16±0.69a	9.80±0.90 a	11.28±1.45a	11.32±1.92a
速效钾 Available potassium (mg/kg)	326.60±75.99a	158.60±11.59b	267.00±16.15ab	328.84±31.54a
植物盖度 Plant coverage (%)	98.80±0.49a	87.20±1.00b	65.00±2.24c	47.00±2.00d
植物高度 Plant height (cm)	36.40±1.33a	21.60±1.47b	13.20±0.73c	5.20±0.73d
地上生物量 AGB (g/m²)	389.63±23.16a	275.49±16.54a	142.30±6.74c	80.12±3.95d
植物丰富度指数 Plant richness index	18.60±1.60b	22.40±0.81a	21.80±0.58a	12.80±0.37c
植物香农指数 Plant Shannon index	1.72±0.06b	1.97±0.06a	1.99±0.04a	1.59±0.06b
植被优势物种 Dominant vegetation species	Kobresia pygmaea, Thalictrum alpinum, Polygonum viviparum	Polygonum viviparum, Deschampsia caespitosa, Kobresia pygmaea	Plantago depressa, Puccinellia distans, Taraxacum platypecidum	Potentilla anserina, Taraxacum platypecidum, Plantago depressa

注：数据的表示形式为平均值±标准误，同一行中不同的字母表示两组数据之间具有 P<0.05 水平上的差异。Kobresia pygmaea: 高山嵩草；Thalictrum alpinum: 高山唐松草；Polygonum viviparum: 珠芽蓼；Deschampsia caespitosa: 发草；Potentilla anserina: 鹅绒委陵菜。平车前；Puccinellia distans: 碱茅；Taraxacum platypecidum: 白缘蒲公英；Plantago depressa: 平车前。

TC和总氮（TN）含量均显著降低（$P < 0.05$），而LD和ND草甸的TC和TN含量差异不显著（$P > 0.05$）。植物盖度、高度和AGB均随退化程度的增加而显著降低（$P < 0.05$）（表3-1）。LD、MD和HD草甸的SWC显著低于ND草甸（$P < 0.05$）。不同退化程度草甸间的电导率（EC）、亚硝态氮（$NO_2^- -N$）和有效磷（AP）差异不显著（$P > 0.05$）（表3-1）。随着退化程度增加，LD和MD草甸的植物多样性（物种丰富度和Shannon指数）显著增加（$P < 0.05$），而HD草甸的植物多样性显著减少（$P < 0.05$）（表3-1）。随着亚高山草甸退化程度增加，LD和MD草甸的植物多样性（物种丰富度和Shannon指数）显著增加（$P < 0.05$），而HD草甸的植物多样性显著减少（$P < 0.05$）（表3-1）。NMDS和ANOSIM结果表明，草地退化显著改变了整个植物群落的组成和结构（图3-1）（$P < 0.05$）。

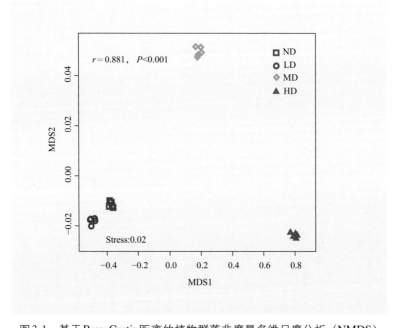

图3-1　基于Bray-Curtis距离的植物群落非度量多维尺度分析（NMDS）

Figure 3-1 Non-metric multidimensional scaling（NMDS）of plant communities among meadows with different degradation degrees

ND：未退化草甸；LD：轻度退化草甸；MD：中度退化草甸；HD：重度退化草甸；图中$r = 0.881$，$P < 0.001$为不同退化程度草甸之间相似性的ANOSIM检验结果

3.2 亚高山草甸退化过程中土壤细菌群落组成和多样性的变化

通过高通量测序，在20个样本中共检测到1 118 879条高质量的细菌序列。按最小样本序列数（36 150）抽平，共鉴定出4 339个OTU（>97%序列相似性水平），43个门，包括102个纲、193个目、366个科、672个属和1 417个种。43个门中有10个门已定义为优势细菌门（样本中相对丰度>1%），相对丰度从高到低，依次为变形菌门（27.76%）、放线菌门（24.06%）、酸杆菌门（19.14%）、绿弯菌门（12.71%）、拟杆菌门（3.39%）、厚壁菌门（3.32%）、芽单胞菌门（2.57%）、硝化螺旋菌门（2.05%）、疣微菌门（1.58%）和Parcubacteria（1.05%）（图3-2）。在每个草地退化水平上，这些优势细菌门均占据了97%以上的细菌序列（图3-2）。

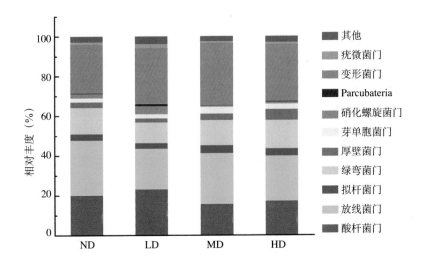

图3-2 不同退化程度草甸土壤优势细菌门（平均相对丰度＞1%）的相对丰度

Figure 3-2 Relative abundance of the dominant soil bacterial phyla（with average relative abundance ＞ 1%）in meadows with different degradation degrees

ND：未退化草甸；LD：轻度退化草甸；MD：中度退化草甸；HD：重度退化草甸

四种不同退化程度亚高山草甸之间硝化螺旋菌门、放线菌门、拟杆菌门和Parcubacteria的相对丰度存在显著差异（$P < 0.05$；图3-3A）。硝化螺旋菌门（4.12％）和Parcubacteria（1.06％）的相对丰度在LD草甸中最高；拟杆菌门（3.45％）在MD草甸中最高，放线菌门（27.62％）以ND草甸中最多（图3-3A）。12个相对丰度最高的细菌纲、科和属，在四种不同退化程度亚高山草地间存在差异（图3-3）。其中，共有7个细菌纲［硝化螺旋菌纲（Nitrospirae）、绿弯菌纲（Chloroflexia）、β-变形菌纲（Betaproteobacteria）、γ-变形菌纲（Gammaproteobacteria）、鞘脂杆菌纲（Sphingobacteriia）、放线菌纲（Actinobacteria）和芽单胞杆菌纲（Gemmatimonadetes）］、4个科［(norank_c_Nitrospira、鞘脂单胞菌科（Sphingomonadaceae）、亚硝化单胞菌科（Nitrosomonadaceae）和芽单胞菌科（Gemmatimonadaceae）］和5个属［硝化螺菌属（*Nitrospira*）、鞘脂单胞菌属（*Sphingomonas*）、亚硝化螺菌（*Nitrosospira*）、norank_c_Actinobacteria、芽孢杆菌属（*Bacillus*）］在四种不同退化程度亚高山草甸间存在显著差异（$P < 0.05$；图3-3）。

LEfSe分析显示（图3-4），20个细菌分类群在统计学上有显著差异（LDA>3.5，$P < 0.05$）。ND草甸中富集了10个细菌分类群，即在门水平的菌群为硝化螺旋菌门（Nitrospirae）；在纲水平上有硝化螺旋菌纲（Nitrospirae）和β变形菌纲（Betaproteobacteria）；在目水平上有硝化螺旋菌目（Nitrospira）和亚硝化单胞菌目（Nitrosomonadales）；在科水平上有硝化螺旋菌科（Nitrospira）和亚硝化单胞菌科（Nitrosomonadaceae）；在属水平上有两个属于硝化螺旋菌纲未分类的属（norank_c__Nitrospira）和亚硝化单胞菌科未分类属（norank_f__Nitrosomonadaceae）。MD草甸中检测到7个差异显著的细菌分类群（1个纲、3个目、2个科和1个属），即绿弯菌纲（Chloroflexia）、丙酸杆菌目（Propionibacteriales）、微球菌科（Micrococcaceae）、伯克氏菌目（Burkholderiales）、鞘脂单胞菌目（Sphingomonadales）、鞘脂单胞菌科（Sphingomonadaceae）和鞘脂单胞菌属（*Sphingomonas*）。HD草甸中富集了γ-变形菌纲（Gammaproteobacteria）、黄色单胞菌目（Xanthomonadales）和黄单胞菌科（Xanthomonadaceae）。结果表明，亚高山草甸退化过程中土壤细菌群落组成和相对丰度发生了显著变化。

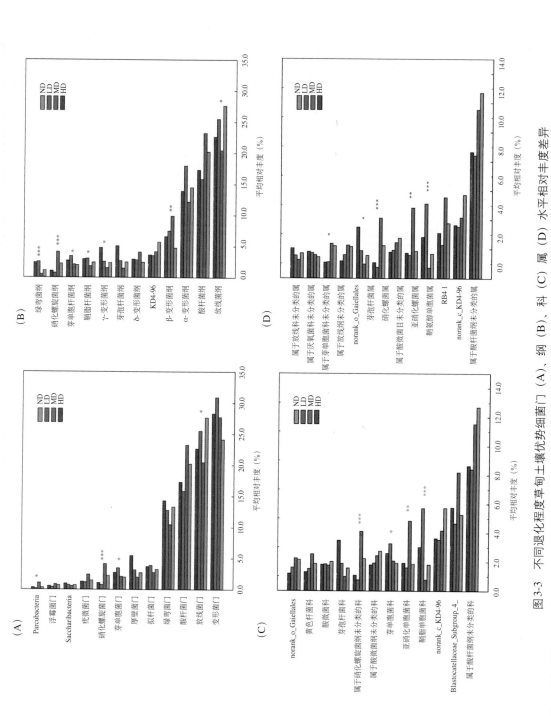

图 3-3 不同退化程度草甸土壤优势细菌门（A）、纲（B）、科（C）、属（D）水平相对丰度差异

Figure 3-3 Differences in the relative abundance of the dominant bacterial phyla(A), classes (B), families (C), genera (D) in meadows with different degradation degrees

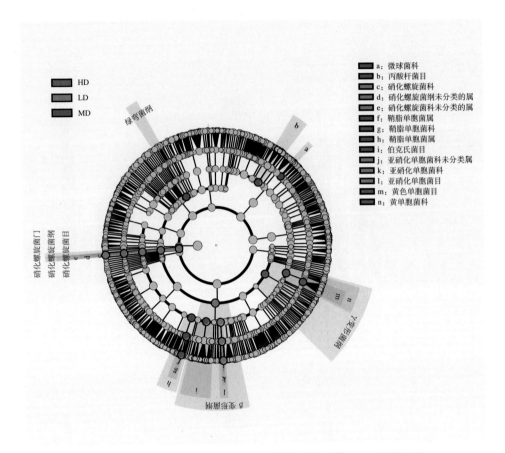

图3-4　不同退化程度草甸土壤细菌群落组成差异的LEfSe分析结果

Figure 3-4 LEfSe analysis showing soil bacterial community differences in meadows with different degradation degree

从内到外的圆环表示从门、纲、目、科和属的系统发育水平；圆环上的节点表示分类学层次上的一个分类单元，每个圆的直径与丰度成正比，黄色表示丰度没有显著变化；不同退化程度草甸中相对丰度显著较高的分类单元（生物标志物）在进化分枝图中进行了颜色编码。

　　草地退化对土壤细菌群落的物种丰富度和Shannon指数没有显著影响（$P > 0.05$）（图3-5），但是对细菌群落的β多样性有显著影响（$P < 0.05$）（图3-6A）。从图3-6可知，四种不同退化程度草甸样本基本分离。利用相似性分析（ANOSIM）进一步对不同退化程度草甸土壤细菌群落的群落结构差异性进行了分析。结果显示细菌群落组成在四种不同退化程度间有显著

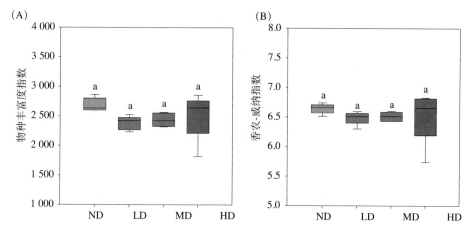

图3-5　不同退化程度草甸细菌群落丰富度（A）和Shannon指数（B）

Figure 3-5 The species richness（A）and Shannon index（B）of bacterial communities in meadows with different degradation degrees

没有相同标记字母表示组间差异显著（$P < 0.05$）；有任何相同标记字母表示组间差异不显著（$P > 0.05$）

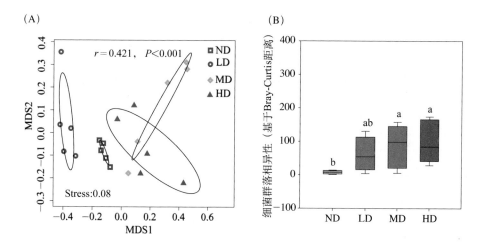

图3-6　基于Bray-Curtis的不同退化程度草甸细菌群落NMDS（A）和相异性（B）分析

Figure 3-6 NMDS（A）and dissimilarity（B）analysis of soil bacterial communities in meadowwith different degradation degrees based on Bray-Curtis

注：图中 $r = 0.421$，$P < 0.001$ 为不同退化程度草地之间群落相似性的ANOSIM检验结果

性差异（$r = 0.421$，$P < 0.001$）（图3-6A和表3-2）。两两对比的ANOSIM分析显示，除了MD和HD草甸（$P > 0.05$）之外，其他任意两组不同退化水平草甸地间的群落组成均显著分离（$P < 0.05$，表3-2）。此外，基于Bray-Curtis距离估计了不同退化草地土壤细菌群落β多样性的相异性（图3-6B）。与ND相比，LD草甸土壤细菌群落β多样性相异性没有表现出显著的差异（$P > 0.05$），而MD和HD草甸显著增加了细菌群落的β多样性相异性（$P < 0.05$）（图3-6B）。

表3-2　不同退化程度草甸间细菌群落的ANOSIM分析结果

Table 3-2 ANOSIM statistic of bacterial communities among different degraded meadows

组间对比	ND+LD	ND+MD	ND+HD	LD+MD	LD+HD	MD+HD	ND+LD+MD+HD
r	**0.588**	**0.548**	**0.410**	**0.736**	**0.556**	0.076	**0.421**
P	**0.007**	**0.008**	**0.008**	**0.007**	**0.009**	0.260	**0.001**

注：加粗表示显著相关（$P < 0.05$）。

3.3 环境变量对土壤细菌群落结构的影响

为了探索亚高山草甸退化土壤细菌群落变化的关键环境驱动因子，采用冗余分析（RDA）对环境变量进行分析（图3-7A）。轴1和轴2分别解释变异量32.61%和11.31%，共解释了细菌群落变化量的43.92%。这些环境变量中，TN、NO_3^--N、植物香农-威纳指数、植物盖度和土壤容重显著影响了土壤细菌群落结构变化（$P < 0.05$，图3-7A）。在所有显著相关的环境变量中，TN解释了细菌群落变量的最大比例（27.2%），其次是NO_3^--N（8.1%）和植物香农-威纳指数（8.0%）（表3-3）。VPA结果显示，所选环境变量解释了54.3%的细菌群落组成变化（图3-7B）。其中，土壤化学性质单独解释细菌群落变异的比例最大为20.7%，植物变量和土壤物理性质单独解释了15.5%和2.8%（图3-7B）。

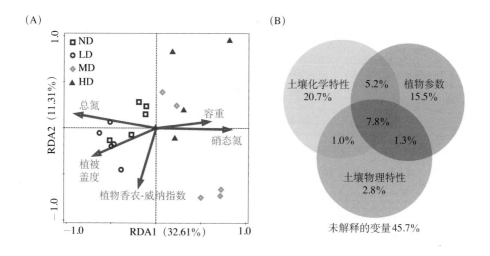

图3-7　土壤细菌群落结构与环境因子的RDA（A）和VPA（B）分析

Figure 3-7　RDA（A）and VPA（B）of soil bacterial community structure with environmental factors

表3-3　细菌群落结构与环境参数的检验结果

Table 3-3 The correlation between bacterial community dissimilarity and environment parameters

环境参数	解释率（%）	贡献率（%）	pseudo-F	P
总氮	27.2	27.2	6.7	0.002
植物香农-威纳指数	8.0	8.0	2.1	0.008
硝态氮	8.1	8.1	2.3	0.012
植被盖度	7.0	7.0	2.1	0.006
容重	5.0	5.0	1.7	0.042

　　为了进一步了解植被参数对土壤细菌群落的影响，分析了土壤细菌群落与植物多样性之间的相关关系（图3-8和图3-9）。结果表明，土壤细菌和植物的丰富度指数和植物香农-威纳指数均没有显著相关关系（$P > 0.05$），而它们之间的β多样性有显著的相关关系（$r = 0.418$，$P < 0.001$）。这些结果进一步表明草地退化过程中植物群落变化对土壤细菌群落产生了重要影响。

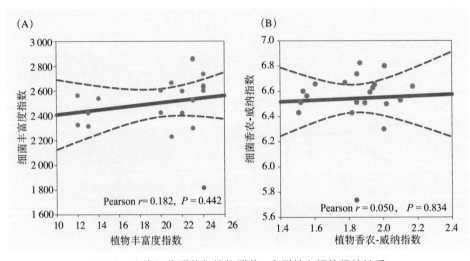

图3-8　土壤细菌群落与植物群落α多样性之间的相关关系

Figure 3-8 Relationship between plant and soil bacterial α diversity

红色实线表示细菌和植物群落α多样性间的线性回归；蓝色虚线间的区域表示拟合的95%置信区间，下同

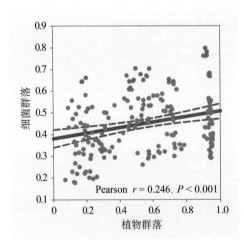

图3-9　土壤细菌群落与植物群落β多样性之间的相关关系（基于Bray-Curtis距离）

Figure 3-9 Correlation between soil bacterial and plant community α diversity（based on Bray-Curtis distances）

3.4 亚高山草甸退化过程中土壤真菌群落组成和多样性的变化

通过高通量测序，在20个样本中共检测到1 375 613条高质量的真菌序

列。按最小样本序列数31 639抽平，共鉴定出3 111个OTU（>97%序列相似性水平）。20个样本中共鉴定出子囊菌门（Ascomycota）、担子菌门（Basidiomycota）、接合菌门（Zygomycota）、壶菌门（Chytridimycota）、球囊菌门（Glomeromycota）、芽枝霉门（Blastocladiomycota）、罗兹菌门（Rozellomycota）7个真菌门，包括31个纲、100个目、218个科、458个属和1786个种。其中子囊菌门、担子菌门和接合菌门（相对丰度为>1%）被定义为优势门（图3-10）。比较了真菌门以及12个相对丰度最高的真菌纲、科和属在四种不同退化程度亚高山草地间的差异（图3-11）。结果发现，共有3个门（壶菌门、罗兹菌门、接合菌门）、2个纲［古根菌纲（Archaeorhizomycetes）和座囊菌纲（Dothideomycetes)]、5个科［单型科古根菌科（Archaeorhizomycetaceae）、格孢腔菌目未定义的科（norank_o__Pleosporales）、盘菌目未定义的科（norank_o__Pezizales）、分生孢子虫科（Coniochaetaceae）和蛹孢假壳科（Leptosphaeriaceae)］和4个属［小球腔菌属（*Leptosphaeria*）、烧瓶状霉属（*Lecythophora*）、头梗霉属（*Cephaliophora*）和*Archaeorhizomyces*］在四种不同退化程度亚高山草地间存在显著差异（$P < 0.05$；图3-11）。

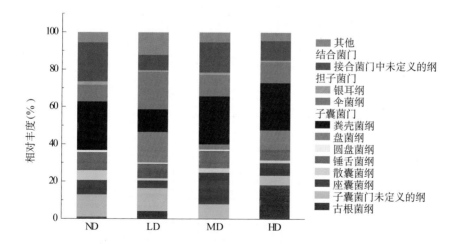

图3-10　不同退化程度草地土壤优势真菌门（平均相对丰度＞1%）和纲的相对丰度

Figure 3-10 Relative abundance of the dominant soil bacterial phyla（with average relative abundance ＞ 1%）and class in grasslands with different degradation degrees

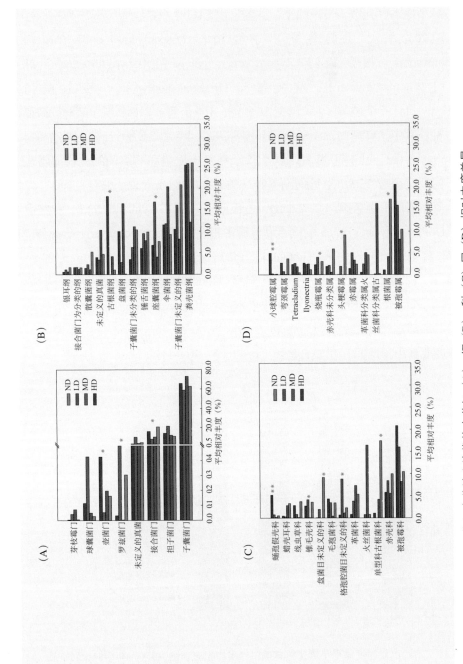

图3-11 不同退化程度草地土壤优势真菌门（A）、纲（B）、科（C）属（D）相对丰度差异

Figure 3-11 Differences in the relative abundance of the dominant fungal phyla(A), classes(B), families(C), genera(D) in grasslands with different degradation degrees

LEfSe分析显示（图3-12），32个真菌分类群在统计学上有显著差异（LDA>3.5，$P < 0.05$）。ND草甸中富集了12个真菌分类群，即在纲水平的菌群为银耳纲（Tremellomycetes）；在目水平上有银耳目（Tremellales）、鸡油菌目（Cantharellales）和粪壳菌目（Sordariales）；在科水平上有蛹孢假壳科（Leptosphaeriaceae）、银耳目未定义的科（norank_o__Tremellales）、毛球壳科（Lasiosphaeriaceae）和中国毛壳菌科（Chaetomiaceae）；在属水平上有小球腔菌属（*Leptosphaeria*）、隐球菌属（*Cryptococcus*）、腐质霉属（*Humicola*）

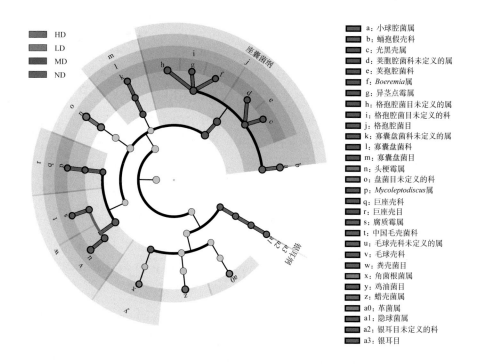

a：小球腔菌属
b：蛹孢假壳科
c：光黑壳属
d：芙胞腔菌科未定义的属
e：芙胞腔菌科
f：*Boeremia*属
g：异茎点霉属
h：格孢腔菌目未定义的属
i：格孢腔菌目未定义的科
j：格孢腔菌目
k：寡囊盘菌科未定义的属
l：寡囊盘菌科
m：寡囊盘菌目
n：头梗霉属
o：盘菌目未定义的科
p：*Mycoleptodiscus*属
q：巨座壳科
r：巨座壳目
s：腐质霉属
t：中国毛壳菌科
u：毛球壳科未定义的属
v：毛球壳科
w：粪壳菌目
x：角菌根菌属
y：鸡油菌目
z：蜡壳菌属
a0：草菌属
a1：隐球菌属
a2：银耳目未定义的科
a3：银耳目

图3-12　不同退化程度草甸土壤真菌群落组成差异的LEfSe分析结果
Figure 3-12 LEfSe analysis showing soil fungal community differences in meadows with different degradation degrees

从内到外的圆环表示从门、纲、目、科和属的系统发育水平；圆环上的节点表示分类学层次上的一个分类单元，每个圆的直径与丰度成正比，黄色表示丰度没有显著变化；不同退化程度草甸中相对丰度显著较高的分类单元（生物标志物）在进化分枝图中进行了颜色编码。

和毛球壳科未定义的属（unclassified_f__Lasiosphaeriaceae）。LD草甸中富集了角菌根菌属（*Ceratobasidium*）和革菌属（*Thelephora*）。MD草甸中检测到15个显著差异的真菌分类群（1个纲、3个目、4个科和7个属），即座囊菌纲（Dothideomycetes）、格孢腔菌目（Pleosporales）、寡囊盘菌目（Thelebolales）、巨座壳目（Magnaporthales）、荚孢腔菌科（Sporormiaceae）、格孢腔菌目未定义的科（norank_o__Pleosporales）、寡囊盘菌科（Thelebolaceae）、巨座壳科（Magnaporthaceae）、光黑壳属（*Preussia*）、荚胞腔菌科未定义的属（unclassified_f__Sporormiaceae）、*Boeremia*属、异茎点霉属（*Paraphoma*）、格孢腔菌目未定义的属（unclassified_f__norank_o__Pleosporales）、寡囊盘菌科未定义的属（unclassified_f__Thelebolaceae）和*Mycoleptodiscus*属。HD草甸富集了3个真菌分类群，分别为盘菌目未定义的科（norank_o__Pezizales）、头梗霉属（*Cephaliophora*）和蜡壳菌属（*Sebacina*）。结果表明，亚高山草甸退化过程中土壤真菌群落组成和相对丰度发生了显著变化。

土壤真菌群落的丰富度指数和香农-威纳指数总体来说随着亚高山草甸退化程度增加而减少（图3-13）。与ND草甸相比，HD草甸土壤真菌群落丰富度和香农-威纳指数显著降低（$P < 0.05$，图3-13）。LD和MD草甸土壤真菌丰富度指数均低于ND草甸，但它们之间没有统计学上的差异（$P > 0.05$，图3-13）。与ND草甸相比，LD草甸土壤真菌香农-威纳指数显著降低（$P < 0.05$），而MD草甸中没有显著的变化（$P > 0.05$，图3-13）。

从图3-14可知，4种不同退化程度草甸样本基本分离成3个部分，其中MD和HD草甸的样本聚集在一起。利用ANOSIM进一步对不同退化程度草甸土壤真菌群落的结构差异性进行了分析（图3-14）。结果显示真菌群落组成和结构在退化过程中发生了显著变化（$r = 0.421$，$P < 0.001$，图3-14和表3-4）。两两对比的ANOSIM分析显示，除了MD和HD草甸（$P > 0.05$）之外，其他任意两组不同退化水平草甸间的群落组成均有显著分离（$P < 0.05$）（表3-4）。此外，基于Bray-Curtis距离估计了不同退化草甸真菌群落β多样性的相异性（图3-14B）。与ND草甸相比，MD草甸土壤真菌群落β多样性没有表现出显著的差异（$P > 0.05$），而LD和HD草甸显著增加了土壤真菌群落的β多样性（$P < 0.05$）（图3-14B）。

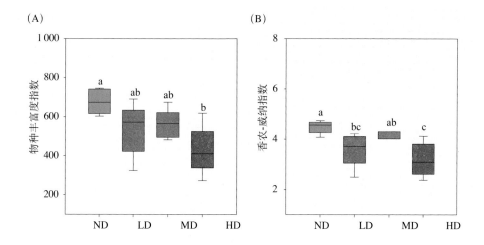

图3-13　不同退化程度草地真菌群落丰富度（A）和Shannon指数（B）

Figure 3-13 The species richness（A）and Shannon index（B）of fungal community in grasslands with different degradation degrees

没有相同标记字母表示组间差异显著（*P*＜0.05）；有任何相同标记字母表示组间差异不显著（*P*＞0.05）

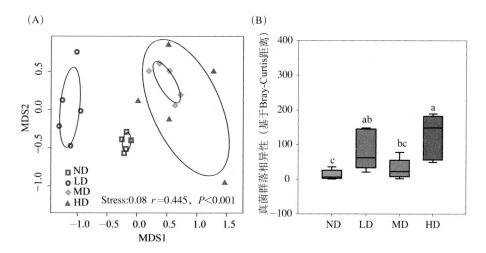

图3-14　基于Bray-Curtis的不同退化程度草地土壤真菌群落NMDS（A）和相异性（B）分析

Figure 3-14 NMDS（A）and dissimilarity（B）analysis of soil fungal communities in grasslands with different degradation degrees based on Bray-Curtis

注：图中 *r* ＝ 0.445，*P* ＜ 0.001 为不同退化程度草地之间群落相似性的 ANOSIM 检验结果

表3-4 不同退化程度草甸间真菌群落的ANOSIM分析结果

Table 3-4 ANOSIM statistic of fungal communities among different degraded meadows

组间对比	ND+LD	ND+MD	ND+HD	LD+MD	LD+HD	MD+HD	ND+LD+MD+HD
r	0.564	0.848	0.404	0.732	0.556	0.084	0.445
P	0.011	0.010	0.012	0.008	0.009	0.215	0.001

3.5 环境变量对土壤真菌群落结构的影响

采用RDA确定了亚高山草甸退化土壤真菌群落变化的关键环境驱动因子（图3-15A）。轴1和轴2分别解释变异量15.55%和10.78%，总共解释了真菌群落变化量的26.33%。土壤含水量、总氮、植物丰富度和铵态氮显著影响了土壤真菌群落结构变化（$P < 0.05$），是最重要的环境驱动因子。在所有显著相关的环境变量中，土壤含水量解释了真菌群落变量的最大比例（17.4%），其

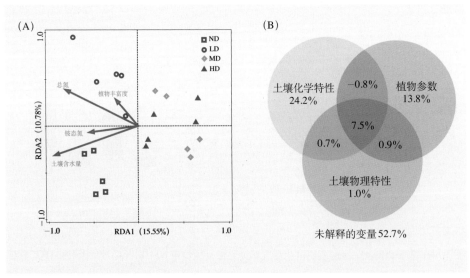

图3-15 土壤真菌群落结构与环境因子的RDA（A）和VPA（B）分析

Figure 3-15 RDA（A）and VPA（B）of soil fungal community structure with environmental factors

次是总氮（11.0%）、植物丰富度（7.3%）和铵态氮（7.2%）（表3-5）。VPA结果显示，所选环境变量解释了47.3%的真菌群落组成变化（图3-15B）。其中，土壤化学性质单独解释真菌群落变异的比例最大，为24.2%，植物变量和土壤物理性质单独解释了13.8%和1.0%。

表3-5　土壤真菌群落结构与环境参数的检验结果

Table 3-5 The correlation between soil fungal community dissimilarity and environment parameters

环境参数	解释率（%）	贡献率（%）	pseudo-F	P
土壤含水量	14.8	17.4	3.1	0.002
总氮	9.4	11.0	2.1	0.002
植物丰富度	6.4	7.3	1.7	0.042
铵态氮	6.2	7.2	1.5	0.044

为了进一步了解植被参数对土壤真菌群落的影响，分析了土壤真菌群落与植物多样性之间的相关关系（图3-16和图3-17）。结果表明，土壤真菌和

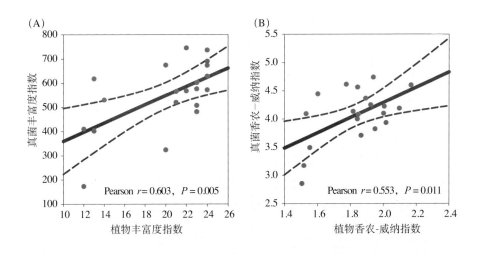

图3-16　土壤真菌群落与植物群落α多样性之间的相关关系

Figure 3-16 Relationship between plant and soil fungal α diversity

红色实线表示真菌和植物群落α多样性间的线性回归；蓝色虚线间的区域表示拟合的95%置信区间

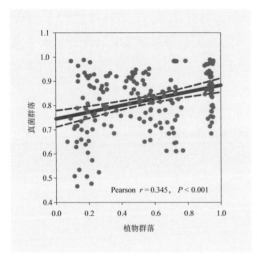

图 3-17　土壤真菌群落与植物群落 β 多样性之间的相关关系（基于 Bray-Curtis 距离）

Figure 3-17 Relationship between plant and soil fungal β-diversity（based on Bray-Curtis distances）

植物的丰富度指数显著相关，它们之间的 β 多样性也有显著的相关关系（$r =$ 0.345，$P < 0.001$）。这些结果进一步表明在五台山亚高山草甸退化过程中植物群落的变化对土壤真菌群落具有重要影响。

3.6 讨论

3.6.1 土壤微生物群落物种组成对亚高山草甸退化的响应

亚高山草甸退化过程中土壤细菌和真菌群落从门到属，在低分类水平和高分类水平上物种组成均有明显变化。这表明整个细菌和真菌群落发生了重要的分类学变化，并支持了这样一种理论，即在广泛的系统发育群中至少存在某种程度的生态一致性（Philippot et al., 2010；Martiny et al., 2015）。细菌群落中 4 个门、7 纲、4 科、5 属的相对丰度在不同退化水平草甸之间存在显著差异（图 3-3）。LD 草甸中硝化螺旋菌门、亚硝化单胞菌科、硝化螺旋菌属和亚硝化螺菌属相对丰度显著高于其他草甸（图 3-3）。LEfSe 分析也证实在 LD 中富集了硝化螺旋菌门、硝化螺旋菌纲、硝化螺旋菌目、硝化螺旋菌科、β 变形菌纲和亚硝化单胞菌目、亚硝化单胞菌科等生物标志物。已知的氨氧化细菌（AOB）均属于 β 变形菌纲和 γ 变形菌纲，其中以亚硝化单胞菌属，亚硝化球菌属和亚硝化螺菌最为典型（Llado et al., 2017）。陆地生态系统中，已知的所有自养氨氧化细菌分别属于亚硝化单胞菌属和亚硝化球菌属，形成了β变形菌亚纲单源进化簇。在陆地生态系统中，硝化螺旋菌被认为是亚硝酸盐氧化细菌硝化作用（$NO_2^- \rightarrow NO_3^-$）的主要参与者（Pan et al., 2018）。近年来，在硝化螺旋菌属的成员中也发现了氨氧化的能力，它能将氨氧化成硝酸盐，并含有氨单加氧酶（AMO）和羟胺氧化还原酶（HAO）（Daims et al., 2015；Van Kessel et al., 2015）。亚硝化单胞菌科在β变形菌纲中是一个单系系统发育群，包括亚硝化单胞菌属和亚硝化球菌属，通常通过将氨氧化为亚硝酸盐来控制硝化作用（Prosser et al., 2014）。我们还发现MD和HD草甸中鞘氨单胞菌属和芽孢杆菌属的相对丰度显著高于ND和LD草甸（图3-3）。鞘氨单胞菌属已从许多不同陆地和水生生境中分离出来，能够在低浓度营养物下生存，并能代谢各种碳源（Patureau et al., 2000）。许多鞘氨醇单胞菌具有固氮和反硝化能力，这些菌株在维持自然界氮平衡方面起着重要作用（Patureau et al., 2000）。87个被调查的芽孢杆菌属物种，已证明有45种具有异化还原氮化合物的潜力，其中19种具有反硝化能力（Verbaendert et al., 2011）。这表明，反硝化作用是芽孢杆菌的一个共同特征。因此，硝化螺旋菌属、亚硝化螺菌、鞘氨单胞菌属、芽孢杆菌属等在退化草地中的富集情况进一步表明，草甸退化过程中土壤细菌群落组成发生了显著变化，可能进一步导致草地生态系统的功能发生变化，特别是氮循环功能。

在真菌群落中，子囊菌门、担子菌门和接合菌门是较为丰富的真菌门（图3-10），这与在西藏草原和黄土高原草地的研究一致（Hu et al., 2017；Li et al., 2016）。由于真菌对底物利用过程的偏好不同，草地退化引起的生物地球化学性质的影响将导致特定物种发生显著变化（Mcguire et al., 2010；李海云等，2016）。在未退化草甸中主要富集了粪壳菌目、鸡油菌目和银耳目等腐生真菌群，它们在有机物降解中发挥重要作用，能将动植物残体中的有机物分解成无机物归还无机环境，促进养分循环。有研究证实粪壳菌目、鸡油菌目和银耳目菌群的相对丰度往往随着凋落物的增加而增加（Chen et al., 2020；Poll et al., 2010）。本研究中未退化草甸中存在大量的植物凋落物，这可能是这些菌群在未退化草甸中富集的原因。轻度退化草甸中富集了角菌根菌属和革菌属菌群，它们均为外生菌根真菌，在促进土壤中有机物质的分解及植物对有机、无机元素吸收，提高植物抗病和抗逆性等方面具有重要意义（于占湖，2007）。中度退化草甸中富集的格孢腔菌目菌群存在于多种盐生植物根部、根际，多数菌株虽不嗜盐，但具有较强的耐盐性和耐碱性，能够在寡营养等恶劣的条件下生存，多数成员能引起植物病害（Zhang et al.，2009）。例如，格孢腔菌目中的异茎点霉属和光黑壳属真菌为常见植物病原真菌，使植物产生叶斑、茎枯、溃疡和腐烂等症状（Zhang et al.，2009）。巨座壳目则包含了引起稻瘟病的植物病原菌。重度退化草甸中富集的蜡壳菌属是一种内生真菌，能够促进宿主植物对矿物质的吸收和干物质的累积，抵御不利的外部环境（Weiss et al.，2011），在一定程度上可以缓解退化对草地生态系统的不利影响。另外，重度退化草甸富集的头梗霉属经常被发现为严重的植物病原体（Srivastava et al.，2014）。这些结果表明，严重的草甸退化不仅降低了植物多样性和生物量，而且由于病原菌相对丰度的增加，还可能增加高寒植物-土壤生态系统的潜在健康风险。此外，放牧等活动对草皮层的破坏也可能促进病原菌的扩散（Li et al.，2016）。如果没有适当的管理，亚高山草甸退化将可能促进植物病害的发生，并进一步加剧草甸的退化。

3.6.2 植物和土壤微生物群落 α 多样性对亚高山草甸退化的响应

沿五台山亚高山草甸退化梯度，植被组成、植物物种丰富度、植物多样性和地上生物量变化显著，原生植物群落逐渐被以非禾本草本植物为主的次生植物群落所取代。植物群落的丰富度和多样性在轻度和中度退化阶段最高（表3-1），呈驼峰变化的格局。这些结果与前人对退化高寒草地和草甸的研究结果相似（Wu et al.，2014；Wang et al.，2009），与中度干扰假说一致。中度干扰增加了环境的异质性，导致植物物种的多样性增强。在本研究中，由于LD和MD草甸中原生植被的破坏改变了土壤特性，这可能为外来物种的入侵和生长提供了有利条件，最终增加了植物的多样性。

本研究表明，土壤真菌 α 多样性随着亚高山草甸退化程度的增加而减少（图3-13），而土壤细菌群落的丰富度和香农-威纳指数没有显著变化。这表明不同类型微生物群落 α 多样性对亚高山草甸退化的响应模式不同，真菌群落 α 多样性比细菌群落对草甸退化更敏感。真菌对土壤养分限制的敏感性高于细菌（Lauber et al., 2008），这可能是导致这一观察结果的原因。Che等（2019）也发现青藏高原退化斑块的形成对原核生物α多样性没有显著影响，而Li等（2016）报道，与ND草甸相比，青藏高原重度退化草甸的土壤细菌Shannon指数和物种丰富度显著增加，而MD草甸的α多样性无显著差异。这种不一致可能与这些地区草地退化所造成的对土壤条件、植物种类和其他环境因素的破坏有关。Xun等（2018）在呼伦贝尔草甸草原上的一项研究表明，在放牧引起的草地退化过程中，微生物群落从由真菌主导、缓慢生长型向细菌主导、快速生长型转变，从而导致了以真菌为主的主要利用难降解有机碳的食物网向主要利用不稳定有机碳的细菌为主的食物网的转变。随着退化程度的增加，细菌可能表现出更强的抵抗力和恢复力，而土壤真菌丰富度则下降，这可能是由于真菌更倾向于不受干扰的生态系统所致（Xun et al., 2018）。

研究表明，植物α多样性的改变对细菌α多样性没有显著影响，而真菌群落α多样性与植物α多样性显著相关（图3-16）。这可能与Millard等（2010）证实的真菌群落比细菌群落受植被的影响更大相一致。植物多样性和真菌多样性之间在草甸退化过程中具有交互关系，这与之前发现两者之间具有互利共生机制相一致（Yang et al., 2017；孙倩等，2020）。一方面，土壤真菌与许多具有营养循环能力的植物互惠共生，退化过程中这些植物的丧失必然会影响真菌的多样性；另一方面，退化过程中土壤真菌多样性和组成的变化，也会影响有机质的降解，从而改变了植物对养分的吸收能力（Yang et al., 2017）。草地植物多样性对土壤真菌多样性的显著影响具有重要的生态学意义。即使是草地植物的小个体，也可能通过提供不同质量的根环境、分泌物、根和叶凋落物而产生互补的地下生态位，从而可以支持各种生物营养真菌和腐生真菌有更大的多样性（Yang et al., 2017）。此外，真菌与寄主植物的遗传相容性是真菌多样性效应的另一种潜在机制（Saikkonen et al., 2017）。

3.6.3 植物和土壤微生物群落β多样性对亚高山草甸退化的响应

尽管细菌和真菌群落在相对丰度和α多样性上对亚高山草甸退化有不同的响应，但随着退化程度增加，土壤微生物群落结构发生了显著的变化，这与土壤和植物特征的变化是一致的。在本研究中，微生物群落结构和组成与土壤和植被性质密切相关（图3-7和图3-15），不同退化程度草甸土壤微生物群落和组成差异显著（图3-6和图3-14）。说明微生物群落结构对亚高山草甸退化较为敏感。此外，我们发现MD和HD草甸土壤微生物群落β多样性变异明显大于ND草甸，这可能与草地退化增加了土壤和植被性质的变异有关。NMDS和ANOSIM的结果也证实草地退化对植物群落结构的影响显著（图3-1）。值得注意的是，在草甸退化过程中，土壤细菌和真菌群落α多样性对植物α多样性的变化响应不一致（图3-8和图3-16），但植物β多样性与细菌和真菌群落β多样性之间均存在显著相关性（图3-9和图3-17）。这与Prober等（2015）的研究结果一致，即植物多样性可以预测土壤微生物的β多样性。植物-微生物β多样性的强耦合表明植物群落组成对五台山退化草甸土壤微生物群落有重要影响。这一发现证实了以前的结论，即植物和土壤微生物群落的成员可以相互作用（Prober et al., 2015）。土壤微生物是影响植物凋落物分解的关键因素，而其群落组成在一定程度上又取决于植被的性质（林春英，2007）。

3.6.4 草甸退化过程中土壤微生物群落结构变化与环境变量的关系

土壤微生物作为地上植物群落和地下土壤生态系统的纽带，直接参与植物凋落物分解、养分循环和根系养分吸收等生态系统过程，对退化草甸过程中植物生长、竞争、生态系统功能和稳定性产生重要影响（Li et al., 2016）。草甸退化过程中，植物和土壤条件等环境变量发生了明显的变化，不可避免地影响着土壤微生物群落的组成和多样性。细菌群落结构的变化与总氮、硝态氮、植物香农-威纳指数、植物盖度和土壤容重有显著的关系，而土壤含水量、总氮、植物丰富度和铵态氮是真菌群落组成和结构变化的主要驱动因子。说明细菌和真菌群落结构与土壤总氮、硝态氮和铵态氮有显著的直接关系。氮是生命最重要的营养物质之一，目前，许多研究集中在氮梯度对土壤微生物群落的影响。一些研究表明，添加氮肥会导致草地土壤微生物群落组成发生改变（Hicks et al., 2019），还可改变与氮循环有关的特定微生物种群如硝化、反硝化细菌（Ramirez et al., 2010）、氨氧化古菌（Yang et al., 2020）、甲烷氧化菌的丰度（He et al., 2007）。这是由于草地土壤氮的迅速增加，使得草地生态系统中物质的输入与输出间平衡得到保证，从而提高了草地土壤净生物量及生产力。

土壤总氮含量对真菌群落的效应某种程度上是直接的，也反映了在生态系统中对不同类型菌根真菌（具有不同的氮素和营养循环模式）的招募。与本文研究结果相似，孙飞达等（2016）发现退化高寒草地土壤微生物群落与含水量密切相关。水分是影响土壤微生物群落的重要因素（金志薇等，2018），对土壤微生物的生长、活动、生存具有重要影响。降低土壤水分有效性会导致土壤微生物群落碳利用效率降低，并最终改变土壤中真菌和细菌的生物量和结构（Fay et al., 2011）。此外，植被覆盖度和多样性可能会影响土壤微生物群落的多样性和结构，因为植物群落组成的差异会导致凋落物质量和数量的变化，从而改变土壤养分的含量和循环过程（Miki et al., 2010）。Wallenstein 等（2007）还表明植物通过在底物供应中发挥作用（如凋落物、根系周转和渗出物）以及通过改变活跃土壤层中的物理环境来调节微生物群落。

3.7 小结

（1）随着亚高山草甸退化加剧，土壤养分显著降低，土壤质量进一步恶化。植物覆盖率、地上生物量、土壤水分含量、黏粒和粉粒含量降低，而土壤容重、砂粒含量和pH等增加。与未退化草甸相比，LD和MD草甸的植物α多样性显著增加，而HD草甸显著减少（$P < 0.05$）。整个植物群落的组成和结构发生了显著的变化。

（2）亚高山草甸退化显著改变了土壤细菌和真菌群落的结构、组成和多样性。变形菌门、放线菌门、酸杆菌门、绿弯菌门、拟杆菌门、厚壁菌门、芽单胞菌门、硝化螺旋菌门、疣微菌门和Parcubacteria是亚高山草甸土壤细菌的优势门。土壤真菌优势门包括子囊菌门、担子菌门和接合菌门。LEfSe分析显示不同退化程度草甸中存在不同的微生物差异物种，中度和重度退化草甸富集了更多的病原真菌。

（3）土壤真菌群落的α多样性（丰富度指数和香农-威纳指数）随着草甸退化程度加剧而显著降低，而土壤细菌群落的α多样性没有显著的变化。土壤细菌和植物群落的α多样性呈现出不同的格局，两者间的相关性不显著。地上植物群落与地下土壤真菌群落之间的α多样性和β多样性均存在显著相关性。

（4）NMDS和ANOSIM分析结果表明不同退化阶段的亚高山草甸土壤微生物群落结构存在显著差异。土壤细菌群落结构的变化与总氮、硝态氮、植物香农-威纳指数、植物盖度和土壤容重有显著的关系，而土壤含水量、总氮、植物丰富度和铵态氮是真菌群落组成和结构变化的主要驱动因子。草甸退化过程中土壤理化性质和植物参数均对土壤微生物组成产生了重大影响，且土壤理化性质对微生物群落组成的影响大于植被参数的影响。

4. 基于分子生态学网络探究亚高山草甸退化对土壤微生物群落的影响

　　土壤微生物在调节碳、氮循环等生物地球化学过程中发挥着重要作用，其群落结构和多样性对干扰很敏感（罗正明等，2022；Che et al., 2017）。生物和非生物因素（如凋落物输入、土壤物理性质和土壤养分状况）控制着微生物种群、群落结构及其活性（Zhou et al., 2019）。因此，草地退化引起的土壤养分状况和植物多样性的变化会导致微生物群落结构和多样性的变化（Yu et al., 2021）。近年来，高通量测序技术以其通量高、测序时间短、一次分析样品量多等优点，成为研究土壤微生物群落组成、结构及其多样性的有效手段（Luo et al., 2020）。Li 等（2016）利用高通量测序技术研究了青藏高原不同退化程度高寒草甸土壤细菌和真菌组成及其多样性的变化，结果发现草甸退化显著改变了微生物物种组成，增加了土壤微生物多样性，细菌和真菌多样性与植物多样性均没有显著相关关系。Che 等（2017）研究发现青藏高原高寒草甸退化斑块的形成显著降低了微生物呼吸速率，增加了真菌多样性，但对微生物丰度没有显著影响。罗正明等（2022）对五台山亚高山草甸四个不同退化阶段土壤真菌群落特征进行了分析，发现土壤真菌α多样性随着草地退化加剧而显著降低，土壤养分状况和植物参数是控制土壤真菌群落结构变化的最重要因素。但这些研究大多是分析土壤微生物各分类水平的相对丰度、α和β群落多样性以及微生物群落分布与环境因素的相互关系，对于土壤微生物的网络结构及物种之间相互作用关系研究很少。

　　分子生态网络（molecular ecological networks）分析是一种基于随机矩阵理论分析生态系统中内在相互关系的方法，可以很好地体现出生物群落内物种间的互作关系（朱瑞芬等，2020）。利用高通量测序对土壤微生物进行生态网络分析为理解复杂的微生物群落的潜在相互作用提供了一种可靠的途径。尽管土壤微生物群落在草地生态系统功能中发挥着至关重要的作用，但目前尚不清楚微生物群落的分子生态网络如何响应亚高山草甸退化。

本研究以五台山不同退化程度亚高山草甸土壤样品为研究对象，通过Illumina Miseq高通量测序和分子生态网络相结合，分析不同退化程度亚高山草甸土壤微生物（细菌和真菌）群落分子生态网络特征，探讨亚高山草甸退化对土壤微生物群落网络结构、关键物种以及微生物内部物种之间互作关系的影响，并确定影响土壤微生物群落分子生态网络结构变化的主要环境影响因子，为阐明亚高山草甸生态系统退化的过程与机制奠定理论基础。

4.1 土壤微生物群落分子生态网络模型的拓扑学属性

基于高通量测序数据分别构建了4个不同退化程度亚高山草甸（ND、LD、MD和HD）土壤细菌群落分子生态网络（阈值均为0.96；图4-1）、土壤真菌群落分子生态网络（阈值均为0.89；图4-2）以及土壤微生物（同时包含细菌和真菌）群落分子生态网络（阈值均为0.96；图4-3）。构建的网络均体现了网络的无尺度特征、小世界特征以及模块化特征。

随着亚高山草甸退化程度增加，细菌群落网络节点数、连接数、正相关连线的比例、平均连接度和连通度均呈增加的趋势，而平均路径距离和模块性呈降低的趋势（图4-1和表4-1）。与ND草甸的模块数（25个）相比，LD和MD草甸中没有明显的变化（分别为23个和24个），而HD中的模块数增加到39个。从土壤真菌群落分子生态网络可知（图4-2和表4-2），随着退化程度增加，网络总节点数变化不明显，总连接数、正相关连线的比例、平均连接度、连通度和随机网络聚类系数呈增加的趋势，而模块数、平均路径距离、模块性、随机网络平均路径距离和随机网络的模块性呈降低的趋势。在退化的过程中，土壤细菌和真菌群落的整体结构发生了明显变化。

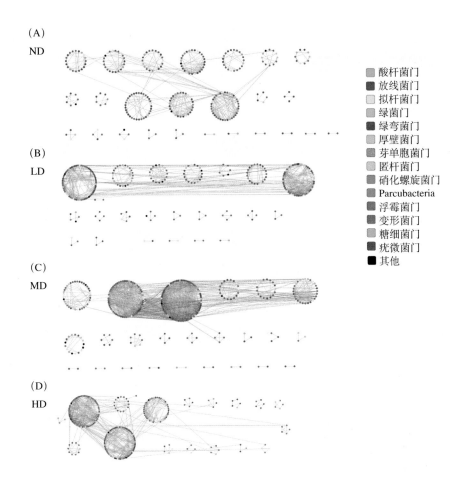

(A) ND

(B) LD

(C) MD

(D) HD

酸杆菌门
放线菌门
拟杆菌门
绿菌门
绿弯菌门
厚壁菌门
芽单胞菌门
匿杆菌门
硝化螺旋菌门
Parcubacteria
浮霉菌门
变形菌门
糖细菌门
疣微菌门
其他

图4-1　不同退化程度亚高山草甸土壤细菌群落的系统发育分子生态网络

Figure 4-1 The phylogenetic molecular ecological networks（pMEN）of soil bacterial communities in subalpine meadows with different degrees of degradation

（A）未退化草甸（ND）；（B）轻度退化草甸（LD）；（C）中度退化草甸（MD）；（D）重度退化草甸（HD）

红线表示正相关，绿线表示负相关

表4-1　不同退化程度亚高山草甸土壤细菌群落分子生态网络拓扑属性

Table 4-1 Topological properties of molecular ecological network of soil bacterial communities in different degraded subalpine meadows

网络结构属性	ND	LD	MD	HD
总节点	281	258	307	309
总连接线数	574	786	1 785	998
模块数	25	23	24	39
正相关关系	53.48%	60.31%	68.96%	76.75%
负相关关系	46.52%	39.69%	31.04%	23.25%
指数分布相关系数平方	0.786	0.867	0.673	0.874
平均连接度	4.085	6.093	11.629	6.46
平均聚类数	0.377	0.422	0.442	0.394
模块性	0.819	0.643	0.463	0.618
连通性	0.499	0.658	0.625	0.532
平均路径距离	6.922	5.912	4.896	4.992
随机网络平均聚类系数	0.018 ± 0.005	0.049 ± 0.008	0.119 ± 0.008	0.047 ± 0.007
随机网络平均路径距离	4.039 ± 0.044	3.285 ± 0.043	2.783 ± 0.025	3.264 ± 0.037
随机网络的模块性	0.490 ± 0.007	0.358 ± 0.007	0.218 ± 0.004	0.344 ± 0.006

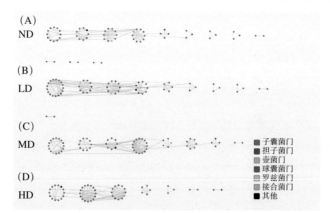

图4-2　不同退化程度亚高山草甸土壤真菌群落的系统发育分子生态网络

Figure 4-2 The phylogenetic molecular ecological networks (pMEN) of soil fungal communities in subalpine meadows with different degrees of degradation

(A) 未退化草甸 (ND)；(B) 轻度退化草甸 (LD)；(C) 中度退化草甸 (MD)；(D) 重度退化草甸 (HD)

红线表示正相关，绿线表示负相关

表4-2　不同退化程度亚高山草甸土壤真菌群落分子生态网络拓扑属性

Table 4-2 Topological properties of molecular ecological network of soil fungal communities in different degraded subalpine meadows

网络结构属性	ND	LD	MD	HD
总节点	62	64	67	54
总连接线数	101	119	143	127
模块数	12	10	8	7
正相关关系	55.45%	77.31%	46.85%	59.84%
负相关关系	44.55%	22.69%	53.15%	40.16%
指数分布相关系数平方	0.59	0.707	0.664	0.431
平均连接度	3.258	3.719	4.269	4.704
平均聚类系数	0.451	0.29	0.367	0.548
模块性	0.695	0.599	0.602	0.562
连通性	0.602	0.714	0.758	0.642
平均路径距离	4.725	4.028	4.107	3.215
随机网络平均聚类系数	0.050±0.021	0.064±0.021	0.089±0.022	0.138±0.029
随机网络平均路径距离	3.519±0.135	3.206±0.105	3.045±0.086	2.723±0.074
随机网络的模块性	0.493±0.017	0.444±0.017	0.394±0.015	0.345±0.015

　　从土壤细菌-真菌群落分子生态网络可以看出，亚高山草甸退化对土壤细菌-真菌群落之间的共现性模式产生重要影响。网络拓扑性质的分析表明，与ND草甸相比，退化草甸中节点数、连接数、正相关连线比例、平均连接度和随机网络聚类系数增加，而模块性、平均路径距离、随机网络平均路径距离和随机网络的模块性降低（图4-3和表4-3）。由表4-4和图4-3可知，细菌群落内部的相互作用占主导地位（正相关比例38.47%～59.18%，负相关比例19.21%～33.46%），远高于细菌-真菌群落之间的相互作用（正相关比例10.41%～16.64%，负相关比例4.78%～13.66%）和真菌群落内部的相互作用（正相关比例0.83%～2.49%，负相关比例0.71%～1.38%）。与ND草甸相

比，MD和HD草甸土壤细菌群落内部、真菌群落内部以及细菌-真菌群落之间的正相关作用更强，而细菌群落内部、真菌群落内部以及细菌-真菌群落间负相关作用较弱（表4-4）。

表4-3 不同退化程度亚高山草甸土壤微生物群落分子生态网络拓扑属性

Table 4-3 Topological properties of molecular ecological network of soil microbial communities in different degraded subalpine meadows

网络结构属性	ND	LD	MD	HD
总节点	347	334	377	384
总连接线数	798	1 124	2 277	1 884
模块数	20	21	29	23
正相关关系	51.50%	61.30%	65.31%	75.11%
负相关关系	48.50%	38.70%	34.69%	24.89%
指数分布相关系数平方	0.716	0.853	0.769	0.78
平均连接度	4.599	6.731	12.08	9.813
平均聚类系数	0.415	0.406	0.414	0.443
模块性	0.803	0.621	0.467	0.56
连通性	0.757	0.834	0.597	0.789
平均路径距离	8.676	6.35	5.026	5.093
随机网络聚类系数	0.019±0.005	0.046±0.005	0.115±0.007	0.065±0.005
随机网络平均路径距离	3.909±0.030	3.251±0.031	2.821±0.024	2.939±0.019
随机网络的模块性	0.456±0.006	0.339±0.005	0.212±0.005	0.262±0.004

表4-4 不同退化程度亚高山草甸土壤微生物互作网络中相互作用特征

Table 4-4 The interaction characteristics of soil microbial interaction networks in subalpine meadows with different degrees of degradation

草甸	细菌间正相关（占比）	细菌与真菌正相关数量（占比）	真菌间正相关（占比）	细菌间负相关（占比）	细菌与真菌负相关（占比）	真菌间负相关（占比）
ND	307（38.47%）	97（12.16%）	7（0.88%）	267（33.46%）	109（13.66%）	11（1.38%）
LD	474（42.17%）	187（16.64%）	28（2.49%）	312（27.76%）	115（10.23%）	8（0.71%）
MD	1 231（54.06%）	237（10.41%）	19（0.83%）	554（24.33%）	214（9.40%）	22（0.97%）
HD	1 115（59.18%）	267（14.17%）	33（1.75%）	362（19.21%）	90（4.78%）	17（0.97%）

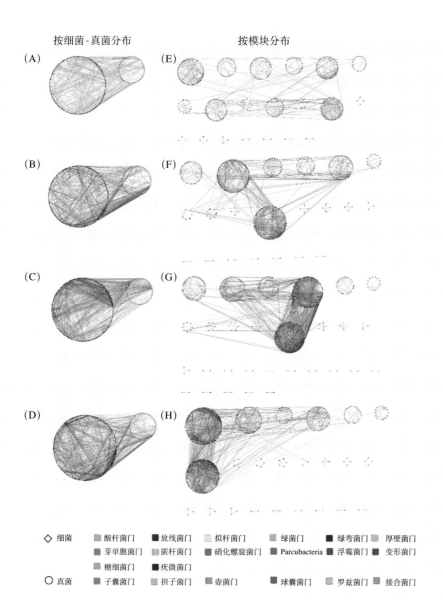

按细菌-真菌分布　　　按模块分布

◇ 细菌　▨ 酸杆菌门　■ 放线菌门　▨ 拟杆菌门　▨ 绿菌门　■ 绿弯菌门　▨ 厚壁菌门
　　　　▨ 芽单胞菌门　▨ 匿杆菌门　■ 硝化螺旋菌门　Parcubacteria　▨ 浮霉菌门　■ 变形菌门
　　　　▨ 糖细菌门　■ 疣微菌门
○ 真菌　▨ 子囊菌门　▨ 担子菌门　▨ 壶菌门　　■ 球囊菌门　▨ 罗兹菌门　▨ 接合菌门

图4-3　不同退化程度亚高山草甸土壤微生物群落的系统发育分子生态网络

Figure 4-3 The phylogenetic molecular ecological networks（pMEN）of soil microbial communities in subalpine meadows with different degrees of degradation

（A）（B）（C）（D）分别为ND、LD、MD和HD草甸土壤细菌和真菌相互作用网络图（按真菌和细菌布局）；（E）（F）（G）（H）分别为ND、LD、MD和HD草甸土壤细菌和真菌相互作用网络图（按模块布局）。

4.2 不同退化程度亚高山草甸土壤微生物分子生态网络的模块和关键节点

从图4-4可以看出，ND草甸土壤细菌网络中含有1个模块枢纽和1个连接器，分别为norank_o__KI89A_clade和*H16*，均属于变形菌门。LD草甸土壤细菌分子生态网络中有1个连接器为溶杆菌属（*Lysobacter*），属于变形菌门。MD草甸土壤细菌网络中含有3个连接器，其中*Intestinibacter*属，属于厚壁菌门，丰祐菌属（*Opitutus*），属于疣微菌门（Verrucomicrobia），*Bryobacter*属，属于酸杆菌门。HD草甸土壤细菌网络中含有2个模块枢纽和2个连接器，其中模块枢纽为中村氏菌属（*Nakamurella*）和norank_o__NB1-j，分别属于放线菌门和变形菌门，连接器包含红杆菌科未分类的属（unclassified_f__*Rhodobacteraceae*）和norank_c__JG37-AG-4，分别属于变形菌门和绿弯菌门。退化草地和未退化草甸土壤细菌分子生态网络中均未观察到网络枢纽。

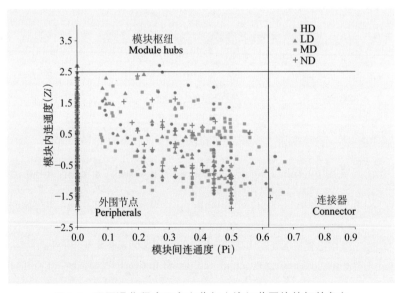

图4-4　不同退化程度亚高山草甸土壤细菌网络的拓扑角色

Figure 4-4 Topological role of soil bacterial network in subalpine meadows with different degradation degree

由图4-5可知，ND草地土壤真菌分子生态网络中包含2个连接器，弯颈霉属（*Tolypocladium*）和外瓶霉属（*Exophiala*），都属于子囊菌门。LD草地土壤真菌分子生态网络中包含1个连接器，肉片齿菌属（*Sistotrema*），属于担子菌门。退化草地和未退化草地土壤真菌分子生态网络中均未观察到网络枢纽和模块枢纽，同时在MD和HD草地土壤真菌分子生态网络未发现连接器。

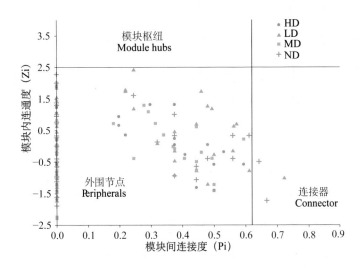

图4-5　不同退化程度亚高山草甸土壤真菌网络的拓扑角色

Figure 4-5 Topological role of soil fungal network in subalpine meadows with different degradation degree

从图4-6可知，ND草甸土壤微生物（包括细菌和真菌）分子生态网络中包含3个模块枢纽和2个连接器，其中模块枢纽为短波单胞菌属（*Brevundimonas*）（变形菌门）、叶杆菌属（*Phyllobacterium*）（变形菌门）和赤霉菌属（*Gibberella*）（子囊菌门）。连接器为norank_f__ncd2191h07c1和*H16*，分别属于放线菌门和变形菌门。LD草甸分子生态网络中包含2个模块枢纽 [硝化螺旋菌属（*Nitrospira*）、亚硝化螺菌属（*Nitrosospira*）]，均属于硝化螺旋菌门；2个连接器为角菌根菌属（*Ceratobasidium*）和粪壳属（*Sordaria*），分别属于担子菌门和子囊菌门。MD草甸中包括2个模块枢纽 [鞘脂单胞菌属（*Sphingomonas*）和norank_o__NB1-j] 和4个连接器 [异茎点霉属

（*Paraphoma*）、光黑壳属（*Preussia*）、*Intestinibacter*属和*Bryobacter*属]。HD草甸有3个模块枢纽[芽孢杆菌属（*Bacillus*）、黄单胞菌属（*Xanthomonas*）和norank_c__JG37-AG-4]和1个连接器（头梗霉属）。

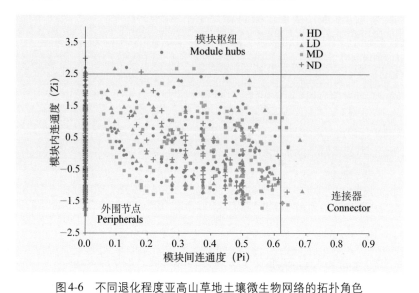

图4-6 不同退化程度亚高山草地土壤微生物网络的拓扑角色

Figure 4-6 Topological role of soil microbial network in subalpine meadows with different degradation degree

4.3 影响土壤微生物分子生态网络结构的环境因子

为了分析微生物分子生态网络与环境因子的关系，对连通度与土壤理化性质和植被参数进行Mantel分析（表4-5）。结果表明，土壤含水量和pH与亚高山草甸土壤细菌、真菌以及整个微生物（含细菌和真菌）网络连通度均显著相关；总氮和硝态氮含量与土壤真菌和微生物网络连通度呈显著相关；植被参数（包括植物盖度、高度、丰富度和香农-威纳指数）均与土壤细菌和真菌网络连通度显著相关；总碳含量仅与整个微生物网络连通度显著相关；碳氮比和土壤有机质含量仅与土壤细菌网络显著相关。综合考虑，土壤含水量、pH、总氮和铵态氮在决定亚高山草甸退化过程中土壤微生物网络互作关系方面起到重要作用。

表4-5　环境因子与网络连通度之间的Mantel test 分析

Table 4-5 Mantel tests on connectivity of network and environmental variables.

环境变量	细菌网络	真菌网络	微生物（含细菌和真菌）网络
土壤含水量	0.349 5[*]	0.415 2[**]	0.436 1[**]
pH	0.268 6[*]	0.431 5[**]	0.263 8[*]
总氮		0.412 9[*]	0.695 8[***]
总碳			0.360 6[*]
碳氮比	0.268 4[*]		
有机质	0.332 6[*]		
铵态氮		0.235 9[*]	0.388 5[*]
植物盖度	0.284 3[*]	0.263 4[*]	
植物高度	0.438 9[**]	0.318 3[*]	
植物丰富度指数	0.595 3[**]	0.603 7[**]	
植物香农-威纳指数	0.353 1[*]	0.375 9[*]	

注：*$P < 0.05$，**$P < 0.01$，***$P < 0.001$。

4.4 讨论

4.4.1 亚高山草甸退化显著改变了土壤微生物间的相互作用

本研究利用扩增子高通量测序和微生物群落分子生态学网络分析方法研究亚高山草甸退化对土壤细菌和真菌群落网络结构的影响，发现微生物（细菌、真菌和细菌-真菌）分子网络的拓扑学属性受到草地退化的影响，不同退化程度亚高山草地土壤微生物网络拓扑属性存在明显的差异。总体来说，表明草地退化增加了土壤细菌内部、真菌内部以及细菌-真菌群落间的相互作用，导致其网络结构更为复杂。随着草地退化程度增加，土壤微生物网络模块性下降，平均路径距离缩短，稳定性下降，暗示退化草地中土壤微生物群落的抵抗外界干扰的能力下降（Hu et al., 2021）。

这说明草甸退化过程中土壤微生物群落复杂性与稳定性解耦合，这与宏观生态学中观察到的并不一致，即麦克阿瑟提出的生态系统的复杂性决定其稳定性（MacArthur，1955）。周集中团队（Yuan et al., 2021）最近一项研究发现，长期实验变暖条件下草地土壤微生物群落分子生态网络变得更加稳健，网络的稳定性与网络的复杂性密切相关，但更高的复杂性也会破坏生态系统的稳定性。然而，本研究很好地支持了Hernandez等（2021）的研究结论，认为生态系统复杂性的增加将削弱系统的稳定性，更大环境压力胁迫下的微生物群落具有较低的网络稳定性。

4.4.2 亚高山草甸退化降低了土壤微生物群落网络的稳定性

本研究中随着草地退化程度增加，环境压力增加，微生物群落物种间正相关作用更强，这可能是由于在草地退化环境压力下土壤微生物拮抗作用的减弱和环境过滤作用的增加，导致环境胁迫的负、正相关聚集性的比例降低（Hernandez et al., 2021）。这与一些理论研究推测一致，网络中模块化和负相关关系的存在增加了网络在扰动下的稳定性（Rooney et al., 2006；Stouffer and Bascompte et al., 2011）。如果群落中有相当比例的微生物菌群是通过正相关联系在一起的，那么这个群落就被认为是不稳定的。在这样的群落中，菌群可能会对环境波动做出同步反应，从而产生正反馈和共同波动（Coyte et al., 2015；Kuiper et al., 2015）。相反，负相关可以稳定群落随干扰的波动，促进网络的稳定性（de Vries et al., 2018）。虽然微生物群落中正相关优势的增加或负相关的减少可以单独破坏群落的稳定（Danczak et al., 2018；汪峰等，2014），但高环境压力下的低模块化可能会加剧这些后果（Hernandez et al., 2021）。高环境压力胁迫下的低模块性表明物种之间的跨模块关联可能比低环境压力胁迫下更为普遍，低模块化则意味着主要的正反馈回路所遇到的任何扰动都更容易传播到其他微生物群落（Hernandez et al., 2021）。因此，在退化程度高的草甸中土壤微生物群落具有物种丰富度较低、模块性较低和负相关联系比例较低的特征。当外界环境发生扰动时，能在很短的时间内将环境扰动传递到整个网络，导致网络结构不稳定（de Vries et al., 2012；de Vries et al., 2018），并且这种不稳定的微生物网络结构可能导致参与土壤碳、氮等养分循环的微生物群落发生显著改变，从而影响草地生态系统的功能（de Vries et al., 2012；Kuiper et al., 2015）。

4.4.3 不同退化程度亚高山草甸土壤微生物关键指示物种差异

鉴于微生物群落的复杂性、多样性以及含有大量未培养微生物，找出微生物群落中的关键物种十分困难（Tan et al., 2021）。在本研究中识别土壤微生物的关键物种是基于网络拓扑结构和模块组成。本研究中构建的土壤微生物网络中均未发现网络枢纽，因此将模块枢纽和连接器节点作为网络中的关键物种。微生物网络模型中的关键物种主要属于变形菌门、酸杆菌门和担子菌门。变形菌门中的许多物种在生态系统中发挥着关键作用，例如氧化有机化合物和无机化合物或从光中获取能量（Tan et al., 2021），促进能量和营养物质在细菌之间的流动。许多研究表明，酸杆菌是一种适合在恶劣环境中生存的寡营养型生物，该类群具有广泛的代谢多样性（Quaiser et al., 2003），对纤维素的降解能力在寒冷地区特别突出（Pankratov et al., 2000）。担子菌富含木质纤维素酶，能分解木质纤维素，促进营养物质和能量的流动。这可能是它们成为网络关键物种的原因之一。LD草甸中2个模块枢纽硝化螺旋菌属和亚硝化螺菌属，其中硝化螺旋菌被认为是亚硝酸盐氧化细菌硝化作用（$NO_2^- \rightarrow NO_3^-$）的主要参与者（Pan et al., 2018）。LD草甸中一个连接器为角菌根菌属，属于一种内生真菌，能够促进宿主植物对矿物质的吸收和干物质的累积。另一个连接器粪壳属被发现主要参与植物凋落物分解，随着凋落物的增加，其相对丰度显著增加（Poll et al., 2010）。MD草甸中的模块枢纽鞘脂单胞菌属能够在寡营养等恶劣的条件下生存，并能代谢各种碳源（Patureau et al., 2000）。光黑壳属是MD草甸中的连接器，主要从土壤和植物残体中分离出来，并被证明具有较强的抗菌活性，且随着营养条件的下降，光黑壳属会有明显的竞争优势（Mapperson et al., 2014）。HD草甸的模块枢纽芽孢杆菌属为革兰氏阳性杆菌，可形成芽孢，对不良环境条件有很强的抵抗力，已有20种以上芽孢杆菌表现出了重金属污染土壤修复功能（杨文玲等，2021）。头梗霉属是HD草甸中的连接器，经常被发现为严重的植物病原体，容易导致植物病害的发生，并进一步加剧草地退化（Luo et al., 2020）。

4.4.4 土壤理化性质影响亚高山草甸退化过程中土壤微生物网络互作关系

本研究发现土壤含水量、pH、总氮和铵态氮在决定亚高山草甸退化过程中土壤微生物网络互作关系方面起到重要作用。前期研究发现pH和铵态氮随亚高山草甸退化程度增加而增加，而土壤含水量和总氮随着退化程度增加而减少（罗正明等，2022）。水分是影响土壤微生物群落的重要因素（金志薇等，2018），对土壤微生物的生长、活动、生存具有重要影响。草甸退化过程中土壤水分有效性降低会导致土壤微生物群落碳利用效率降低，并最终改变土壤中真菌和细菌的生物量和结构，进而影响微生物的相互作用关系（Fay et al.，2011）。由于土壤pH被广泛认为是塑造微生物群落的重要环境因素（Fierer，2011），草甸退化过程中pH的变化会深刻影响土壤微生物群落组成和网络结构。李海云等（2019）在祁连山退化高寒草地的研究也发现土壤全氮和速效氮是土壤微生物群落结构的主要驱动因子。退化生态系统中氮供应直接影响生态系统的结构和功能，进而潜在影响土壤微生物结构和多样性。本研究结果发现植被参数与土壤细菌和真菌网络连通度显著相关，说明草甸退化过程中植被参数的变化对地下微生物网络结构有重要影响。前期的研究结果（Luo et al.，2020；罗正明等，2022；Luo et al.，2022）也证实，草甸退化过程中植被参数和土壤养分是驱动土壤细菌和真菌结构变化的主要因子，植物群落β多样性与微生物群落分类和功能β多样性显著相关。草甸退化过程中植物群落可以通过多种途径直接或间接影响微生物的群落结构和相互作用关系（Luo et al.，2022）。首先，由于草地退化而导致植物地上和地下生物量减少，降低了输入到土壤中的凋落物和根的有机质含量，从而影响了微生物利用底物的有效性。不同的植被产生不同数量和质量的植物凋落物，主要导致土壤碳氮的变化，最终导致微生物群落组成和互作关系的变化（Li et al.，2018）。其次，由于植物物种对其相关微生物的存在选择性效应，草地退化过程中植物组成的显著改变，如莎草科植物的减少和非禾本植物的增加，也可能对微生物群落产生显著影响。

4.5 小结

（1）本研究以五台山4个不同退化阶段（未退化、轻度退化、中度退化和重度退化）亚高山草甸为研究对象，利用高通量测序和随机矩阵网络构建理论构建土壤微生物群落分子生态网络。探讨了草地退化对亚高山草甸土壤微生物群落结构及网络的影响，不同退化程度下微生物网络结构中的关键微生物变化规律以及该过程中微生物之间的互作关系。

（2）不同退化程度亚高山草甸土壤微生物（细菌、真菌和细菌-真菌）网络拓扑属性存在差异。退化草甸中的网络关键物种（模块枢纽和连接器）与未退化草甸明显不同。总体上，退化增加了土壤细菌内部、真菌内部以及细菌-真菌群落间的相互作用，导致其网络结构更为复杂。

（3）未退化草甸土壤微生物网络具有较长的平均路径距离和较高的模块性，使其比退化草甸更能抵抗外界环境的变化，在应对人为干扰或者气候变化时可能具有更高的稳定性。

（4）土壤含水量和pH与亚高山草甸土壤细菌、真菌以及整个微生物网络连通度均显著相关（$P < 0.05$），总氮和硝氨态氮含量与土壤真菌和微生物网络连通度呈显著相关（$P < 0.05$）。土壤含水量、pH、总氮和铵态氮含量等理化因子均影响了亚高山草甸退化过程中土壤微生物网络互作关系。

5. 亚高山草甸退化过程中土壤微生物群落分类与功能多样性特征

草地生态系统提供重要的生态服务，在生物地球化学循环和温室气体调节中发挥重要作用。草地生态系统的功能在很大程度上取决于地下微生物群落的功能多样性及其活性（Fierer，2017；Oksana et al.，2022）。土壤微生物调节着许多对草地生态系统功能至关重要的生物地球化学过程，包括养分循环，其组成和多样性对干扰很敏感（罗正明等，2022；Che et al.，2019）。土壤微生物群落的结构和功能被认为是草地退化的关键指标（Yu et al.，2021）。因此，研究草地退化对土壤微生物群落的影响，对于提高草地退化机制的认识，预测和控制退化草地的发展具有十分重要的意义。

草地退化对土壤微生物群落影响的相关研究主要集中在内蒙古草原的温带草原和青藏高原的高寒草甸（Che et al.，2019；Li et al.，2016；Che et al.，2017），而草地退化对黄土高原亚高山草甸微生物群落的影响知之甚少。Li 等（2016）发现青藏高原高寒草甸退化显著增加了土壤微生物多样性，细菌和真菌的多样性与植物多样性都不显著相关，丛枝菌根真菌的物种丰富度和丰度显著降低（Cai et al.，2014）。Che 等（2017）的研究结果表明草地退化斑块的形成显著降低了微生物呼吸速率，改变了微生物类群之间的相互作用模式，增加了真菌多样性，但对微生物丰度没有显著影响。以上这些研究主要关注微生物群落的分类多样性，由于其具有高度的功能冗余，无法准确预测微生物的功能特征（Fierer et al.，2012）。相比物种分类学特征，功能基因能更好地预测微生物群落对生境变化的响应（Burke et al.，2011）。特别是近年来，鸟枪法宏基因组测序的进展极大地提高了描述环境宏基因组的能力，为了解微生物群落的复杂性及其功能特征提供了许多新的见解（Knight et al.，2018）。因此，利用宏基因组测序评估微生物功能基因多样性的变化可以更好地阐明亚高山草甸生态系统退化的过程与机制。

本研究以五台山不同退化程度的亚高山草甸土壤微生物群落为研究对象，借助宏基因组学的优势，旨在探讨：（1）亚高山草甸退化对土壤微生物群落分类和功能多样性的影响；（2）亚高山草甸退化过程中微生物群落结构和潜在功能的变化；（3）土壤微生物群落分类和功能结构变化的主要驱动因子。本研究不仅有助于理解土壤微生物群落结构和功能对亚高山草甸退化的响应机制，也为亚高山草甸保护和生态修复提供了重要的理论依据和数据支撑。

5.1 土壤宏基因组数据集的一般特征

宏基因组测序后，12个土壤样品共产生了548 335 800个原始reads（平均每个样品45 694 650个），总共约82.80 GB（每个样品6.29 ～ 7.38 GB），98.9%的reads通过下游分析的质量控制。通过质控产生了542 459 256个的高质量reads，平均每个样本45 204 938个reads。通过序列组装和基因预测，分别产生了1 624 586条contigs序列（平均每个样品135 382条）和1 851 886条ORFs序列（平均每个样品154 324条）。去冗余前所有样品基因数为1 851 886个，去冗余前所有样品基因的总序列长度为701 615 920bp，去冗余前所有样品基因的平均序列长度为378.87bp，非冗余基因集基因数为20 270个，非冗余基因集基因的总序列长度为8 930 268bp，非冗余基因集基因的平均序列长度为440.57bp。此外，注释结果显示，草地退化过程中，总基因丰度、细菌丰度和KEGG pathway丰度均没有显著差异，但在轻度退化草甸的真菌丰度中显著大于其他退化程度草地（表5-1）。

5.2 亚高山草甸退化过程中土壤微生物群落组成和丰度的变化

通过宏基因组测序，将样本序列与NCBI-NR数据库中的序列进行比较，获得了物种分类学丰度数据，共筛选出43 037 988个基因，其中细菌基因42 662 408个，占所有基因的99.1%，真菌基因9 086个，古生菌基因124 962个，病毒基因6 940个。共鉴定出49个门、101个纲、202个目、346个科、910个属和2 543个种。8个优势门（相对丰度>1%），均为细菌门，相对丰度从高到低，依次为变形菌门（Proteobacteria，43.79%）、放线菌门（Actinobacteria，28.28%）、酸杆菌门（Acidobacteria，7.76%）、绿弯菌门（Chloroflexi，3.14%）、芽单胞菌门（Gemmatimonadetes，2.32%）、硝化螺旋菌门（Nitrospirae，2.08%）、厚壁菌门（Firmicutes，1.68%）和疣微菌门（Verrucomicrobia，1.33%）（图5-1）。

表5-1 不同退化程度亚高山草甸土壤宏基因组测序和注释结果

Table 5-1 Overview of the soil metagenome sequencing and NR database annotation results obtained at different degrees of subalpine meadow degradation

退化程度	Clean reads	Contigs	ORFs	Total abundances	Bacterial abundances	Fungal abundances
ND	47 022 949 ± 667 954a	119 589 ± 12 959a	135 443 ± 15 525a	1 651 036 ± 100 352a	1 768 192 ± 106 203a	560 ± 32b
LD	44 634 198 ± 1 104 307a	152 334 ± 16 365a	174 831 ± 19 400a	1 838 327 ± 109 477a	1 940 651 ± 111 423a	1 398 ± 433a
MD	45 126 602 ± 784 590a	142 773 ± 10 661a	162 176 ± 12 506a	1 601 763 ± 87 846a	1 739 319 ± 96 019a	519 ± 75b
HD	44 036 003 ± 1 414 922a	126 833 ± 15 269a	144 845 ± 18 013a	1 542 914 ± 85 216a	1 662 239 ± 89 015a	551 ± 58b

注：表中数值为平均值 ± 标准误（$n = 3$），同一列中不同的字母表示两组数据之间具有$P < 0.05$水平上的差异。

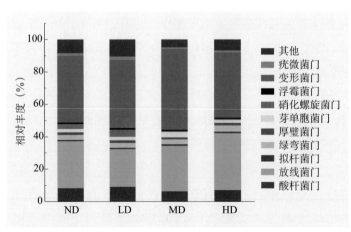

图5-1 宏基因组测序分析土壤微生物优势门（平均相对丰度 > 1%）的相对丰度

Figure 5-1 Relative abundance of the soil microbial dominance phyla (with average relative abundance > 1%) by metagenomic sequencing

在门水平，与未退化草甸相比，退化草甸中的酸杆菌门、硝化螺旋菌门、疣微菌门和浮霉菌门的相对丰度显著下降（$P < 0.05$；图5-2）。4种不同退化程度亚高山草甸之间放线菌门、拟杆菌门、硝化螺旋菌门和Parcubacteria的相对丰度存在显著差异（$P < 0.05$；图5-3）。在属水平，慢生根瘤菌属（*Bradyrhizobium*）、土壤红杆菌属（*Solirubrobacter*）、鞘脂单胞菌属（*Sphingomonas*）、类诺卡氏菌属（*Nocardioides*）、硝化螺菌属（*Nitrospira*）、链霉菌属（*Streptomyces*）、分枝杆菌属（*Mycobacterium*）和*Pyrinomonas*在不同退化程度亚高山草甸间存在差异（图5-3）。

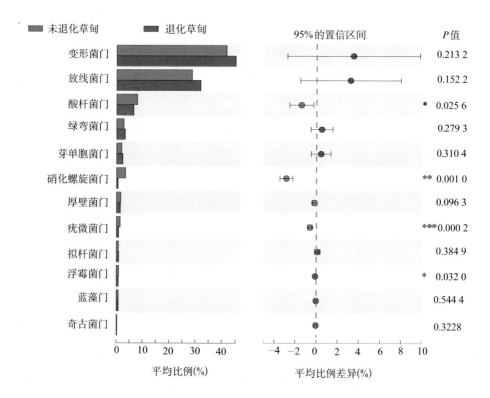

图5-2　未退化与退化（包括轻度、中度和重度退化）草甸土壤微生物门水平相对丰度的STAMP分析（误差条代表Welch的置信区间）

Figure 5-2 STAMP analysis of the relative abundance of soil microbiome in undegraded and degraded （LD，MD and HD） meadows （Error bars represent Welch's t-interval）

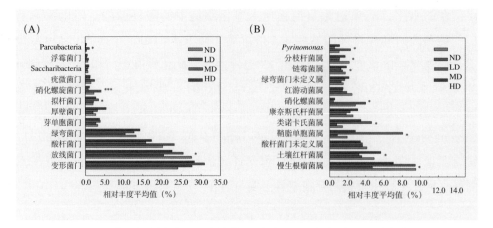

图5-3　宏基因组测序分析土壤优势门（A）和属（B）水平相对丰度差异

Figure 5-3 Differences in the relative abundance of the dominant phyla（A）and genera（B）by metagenomic sequencing

选取平均相对丰度最高的12个门和属

5.3 亚高山草甸退化过程中土壤微生物潜在功能途径的变化

利用eggNOG、KEGG和CAZy数据库对预测到的非冗余基因集进行了基因功能预测，以便从宏观层面初步了解亚高山草地退化过程中土壤中微生物群落整体所包含的基因功能轮廓及其变化。

基于eggNOG数据库，对不同退化程度亚高山草地土壤中获得的非冗余基因集进行了基因功能预测，共有20 514 070条reads可以对应到相应的功能注释结果中，其中4 190 228条reads属于未知功能类别，占可预测reads的20.43%。在已知的基因功能分类中，含reads数最多前六名依次为氨基酸转运和代谢（amino acid transport and metabolism）占10.45%，能量产生与转换（energy production and conversion）占9.46%，复制、重组和修复（replication，recombination and repair）占8.23%，信号转导机制（signal transduction mechanisms）占5.98%，无机离子转运和新陈代谢（inorganic ion transport and metabolism）占5.85%，碳水化合物转运与新陈代谢（carbohydrate transport and metabolism）占5.68%。

从图5-4可知，与未退化草甸相比，退化草甸中参与无机离子转运和新陈代谢（P）功能基因的相对丰度显著降低，而细胞壁、细胞膜、细胞被膜生物合成（M），细胞内运输、分泌与液泡运输（U），细胞运动（N）和RNA加工与修饰功能的相对丰度显著增加。从整个草甸退化过程来看（图5-5），COG基因相对丰度显著发生变化的（P＜0.05）的有：未知功能类别（S），信号转导机制（T），无机离子转运和新陈代谢（P），翻译、核糖体结构与生物合成（J），脂类转运与新陈代谢（I），辅酶运输与代谢（H），核苷酸转运与代谢（F）和细胞周期控制、细胞分裂、染色体分配（D）。具体分析发现：与ND草甸相比，MD和HD草甸中未知功能类别（S）和无机离子转运和新陈代谢（P）基因的相对丰度均显著下降（P＜0.05），而翻译、核糖体结构与生物合成（J），脂类转运与新陈代谢（I），辅酶运输与代谢（H）和核苷酸转运与代谢（F）均显著升高（P＜0.05）（图5-5）。

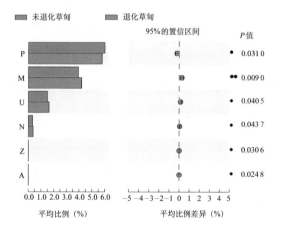

图5-4　未退化与退化草甸（包括轻度、中度和重度退化）土壤功能基因（eggNOG function level）相对丰度的STAMP分析

Figure 5-4 STAMP analysis of the relative abundance of functional gene categories at eggNOG function level obtained from undegraded and versus degraded（LD，MD and HD）meadow soils

注：误差条代表Welch's t检验置信区间，仅显示差异显著的基因，***表示P＜0.001；**表示P＜0.01；*表示P＜0.05，下同

P：无机离子转运和新陈代谢；M：细胞壁、细胞膜、细胞被膜生物合成；U：细胞内运输、分泌与液泡运输；N：细胞运动；Z：细胞骨架；A：RNA过程与修饰。

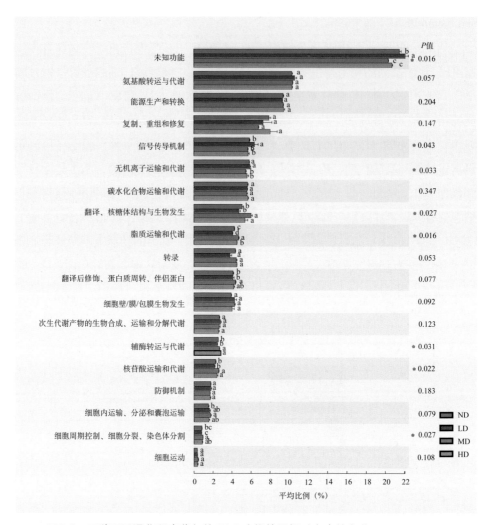

图5-5　四种不同退化程度草甸的COG功能基因相对丰度的变化

Figure 5-5 The variations of relative abundance of COG functional genes in four meadows with different degrees of degeneration

　　基于KEGG数据库，对不同退化程度亚高山草甸土壤中获得的非冗余基因集进行了基因功能预测，共有21 158 140条reads可以对应到相应的功能注释结果中。在level 1水平上，属于代谢（metabolism）类别的reads有16 728 792条，属于遗传信息处理（genetic information processing）类别的有1 903 764条，属于环境信息处理（environmental information processing）类别的有1 514 323条，属于细胞过程（cellular processes）类别的有1 240 690条，属于人类疾病（human diseases）类别的有922 396条，属于生物系统（organismal systems）类别的有642 890条（图5-6）。

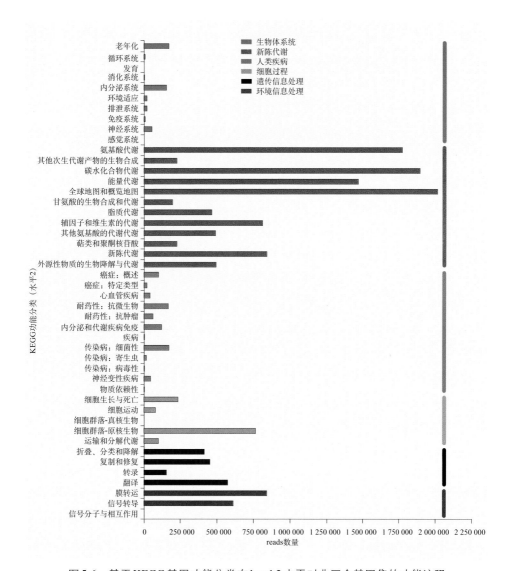

图5-6　基于KEGG基因功能分类在level 2水平对非冗余基因集的功能注释

Figure 5-6 Functional annotation at level 2 for non-redundant gene sets based on the functional classification of KEGG

在level 2水平上，属于代谢类别的功能分类中丰度依次为碳水化合物代谢（carbohydrate metabolism）＞氨基酸代谢（amino acid metabolism）＞多糖生物合成与代谢（glycan biosynthesis and metabolism）＞能量代谢（energy metabolism）＞核苷酸代谢（nucleotide metabolism）＞辅因子和维生素的代谢（metabolism of cofactors and vitamins）＞异生素生物降解与新陈代谢（xenobiotics biodegradation and metabolism）＞脂质代谢（lipid metabolism）＞其他氨基酸代谢（metabolism of other amino acids）＞萜类和聚酮化合物代谢（metabolism of terpenoids and polyketides）＞其他次生代谢物生物合成（biosynthesis of other secondary metabolites）；属于遗传信息处理类别的功能分类中丰度依次为复制与修复（replication and repair）＞翻译（translation）＞折叠，分类与降解（folding，sorting and degradation）＞转录（transcription）；属于人类疾病类别的功能分类中丰度依次为耐药性：抗肿瘤（drug resistance：antineoplastic）＞传染性疾病：细菌（infectious diseases：bacterial）＞内分泌和代谢疾病（endocrine and metabolic diseases）＞癌症：概述（cancers：overview）＞神经退行性疾病（neurodegenerative diseases）＞心血管疾病（cardiovascular diseases）＞癌症：特定类型（cancers：specific types）＞传染病：寄生虫（infectious diseases：parasitic）＞物质依赖（substance dependence）＞传染病：病毒（infectious diseases：viral）＞免疫疾病（immune diseases）；属于环境信息处理类别的功能分类中丰度依次为膜运输（membrane transport）、信号转导（signal transduction）和信号分子与相互作用（signaling molecules and interaction）；属于细胞过程类别的功能分类中丰度依次为细胞群落-真核生物（cellular community - eukaryotes）、细胞生长与死亡（cell growth and death）、运输与分解代谢（transport and catabolism）和细胞运动（cell motility）（图5-6）。

从图5-7可知，与未退化草甸相比，退化草甸中参与碳水化合物代谢、全局概览图（globalandoverviewmaps）、信号转导、内分泌系统、运输与分解代谢、环境适应和消化系统相关功能基因的相对丰度显著升高（$P < 0.05$），而异生素生物降解与新陈代谢、细菌性传染病和成熟（aging）相关功能基因的相对丰度显著降低（$P < 0.05$）。在KEGG level 3水平上，退化草甸中参与碳

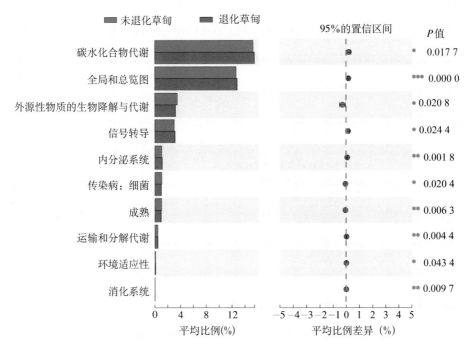

图5-7　未退化与退化（包括轻度、中度和重度退化）草甸土壤功能基因（KEGG level 2）相对丰度的STAMP分析

Figure 5-7 STAMP analysis of the relative abundance of functional gene categories at KEGG level 2 obtained from undegraded and versus degraded（LD，MD and HD）meadow soils

代谢（carbon metabolism）、氨基酸生物合成（biosynthesis of amino acids）、丙酮酸代谢（pyruvate metabolism）、柠檬酸循环（即TCA循环，TCA cycle）、丙酸代谢（propanoate metabolism）、丁酸代谢（butanoate metabolism）和脂肪酸代谢（fatty acid metabolism）功能基因的相对丰度显著高于未退化草甸（$P<0.05$），而退化草甸中磷酸戊糖途径（pentose phosphate pathway）、精氨酸和脯氨酸代谢（arginine and proline metabolism）、有机含硒化合物代谢（selenocompound metabolism）、长寿调节途径-蠕虫（longevity regulating pathway）、酪氨酸代谢（tyrosine metabolism）、肺结核（tuberculosis）、硝基甲苯降解（nitrotoluene degradation）、长寿调节途径-多物种（longevity regulating pathway-multiple species）相关功能基因的相对丰度显著低于未退

化草甸（$P < 0.05$）（图5-8）。其中碳代谢、丙酮酸代谢、柠檬酸循环、丙酸代谢、丁酸代谢和磷酸戊糖途径属于KEGG level 2中碳水化合物代谢；氨基酸生物合成、精氨酸和脯氨酸代谢、酪氨酸代谢均属于KEGG level 2中的氨基酸代谢。说明在退化草甸中，碳水化合物代谢和氨基酸代谢发生了明显变化。

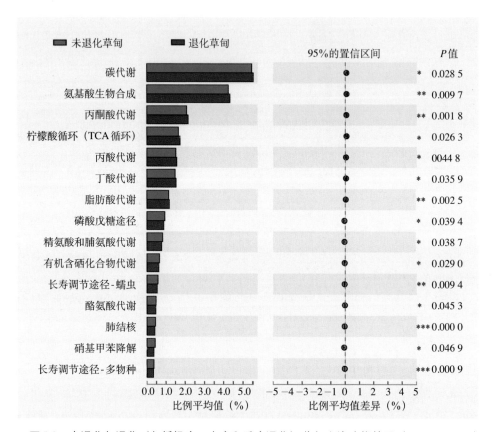

图5-8　未退化与退化（包括轻度、中度和重度退化）草甸土壤功能基因（KEGG level 3）相对丰度的STAMP分析

Figure 5-8 STAMP analysis of the relative abundance of functional gene categories at KEGG level 3 obtained from undegraded grassland soils versus degraded（LD，MD and HD）meadow soils

将宏基因组序列比对到CAZy数据库，共获得6个活性酶基因类群，包括糖苷水解酶［glycoside hydrolases（GH），37.09%］、糖基转移酶［glycosyl transferases（GT），29.42%］、碳水化合物酯酶［carbohydrate esterases（CE），

19.59%]、碳水化合物结合模块 [carbohydrate-binding modules（CBM），6.25%]、附属活性 [auxiliary activities（AA），5.75%] 和多糖裂合酶 [polysaccharide lyases（PL），1.89%]（图5-9）。与未退化草甸相比，退化草甸中糖苷水解酶、糖基转移酶、碳水化合物结合模块和多糖裂合酶编码基因的相对丰度较大，且只有多糖裂合酶编码基因显著增加，而碳水化合物酯酶和附属活性编码基因的相对丰度在退化草甸中较少（图5-9）。

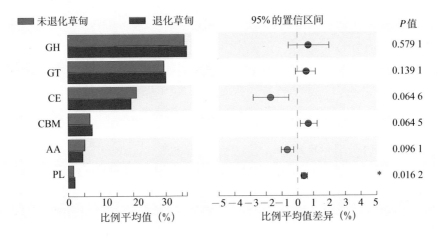

图5-9　未退化与退化（包括轻度、中度和重度退化）草甸土壤功能基因（CAZy class level）相对丰度的STAMP分析

Figure 5-9 STAMP analysis of the relative abundance of functional gene categories at CAZy class level obtained from undegraded grassland soils versus degraded（LD，MD and HD）meadow soils

退化草甸（LD、MD和HD）与未退化草甸相比（图5-10），CE1、GH15、GH13和GH3类群的基因相对丰度显著降低（$P < 0.05$），而退化草甸中GT2和CBM35酶家族的基因相对丰度显著高于未退化草甸（$P < 0.05$）（图5-10）。

物种和功能回归分析结果表明（图5-11），微生物群落物种α多样性的变化与群落功能α多样性的变化没有显著相关关系（$P > 0.05$），而物种β多样性和功能β多样性显著相关（$P < 0.05$）。

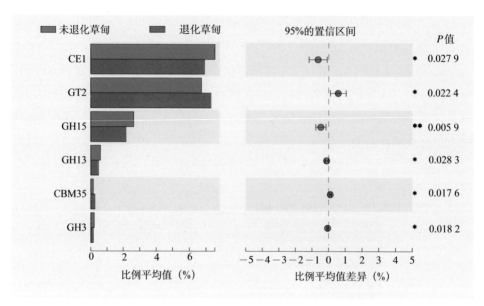

图5-10　未退化与退化（包括轻度、中度和重度退化）草甸土壤功能基因（CAZy family level）相对丰度的STAMP分析

Figure 5-10　STAMP analysis of the relative abundance of functional gene categories at CAZy family level obtained from undegraded grassland soils versus degraded（LD，MD and HD）meadow soils

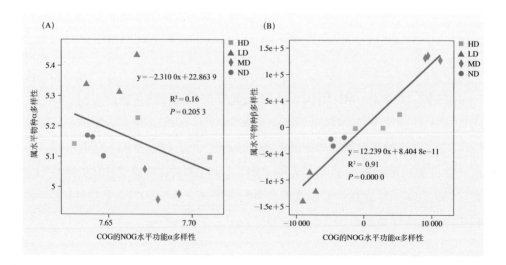

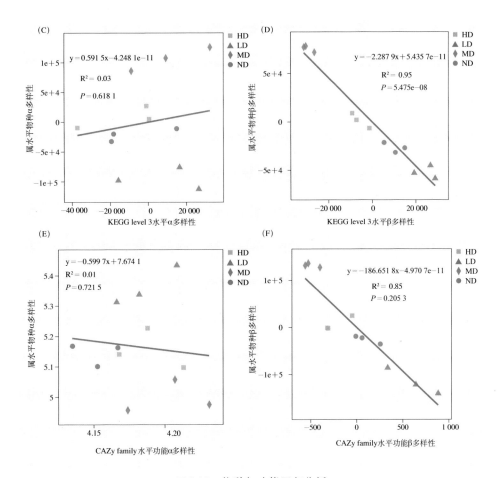

图5-11 物种与功能回归分析

Figure 5-11 Species and functional regression analysis

注：在属水平上计算了物种的α和β多样性，分别在COG的NOG水平（A和B）、KEGG pathway水平3（C和D）和CAZy科水平（E和F）计算了功能的α和β多样性。

5.4 亚高山草甸退化过程中土壤微生物分类和功能群落结构的变化

不同退化程度亚高山草甸的土壤微生物宏基因组分类（基于宏基因组物种水平计算）和功能α多样性（基于KEGG level 3计算）如图5-12所示。与ND草甸土壤微生物的分类α多样性相比，LD草甸显著升高（P＜0.05），MD

草甸显著降低（$P < 0.05$），而HD草甸没有显著变化（$P > 0.05$）（图5-12A）。然而，与ND草甸土壤微生物的功能α多样性相比，LD草甸没有显著变化（$P > 0.05$），而MD和HD草甸均显著降低（$P < 0.05$）（图5-12B）。这些结果表明，草甸退化总体上改变了土壤微生物分类和功能α多样性，特别是退化程度较大的MD和HD草甸，微生物功能多样性显著降低。

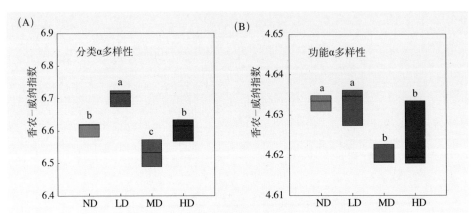

图5-12　不同退化程度草地土壤微生物群落的分类和功能α多样性

Figure 5-12 Taxonomic and functional alpha diversity（Shannon index）of soil microbial communities in grasslands with different degradation degrees

没有相同标记字母表示组间差异显著（$P < 0.05$）；有任何相同标记字母表示组间差异不显著（$P > 0.05$）

NMDS分析结果表明，不同退化程度草地间土壤微生物群落的分类和功能存在明显差异（图5-13）。利用相似性分析（ANOSIM）进一步对基于土壤微生物物种分类和功能组成差异性进行了分析。结果显示四种不同退化程度草地间土壤微生物物种分类（$r = 0.892$，$P < 0.001$）和功能组成（$r = 0.972$，$P < 0.001$）（图5-13）均有显著性差异。

从植物与微生物分类学和功能α多样性的Pearson相关关系发现，微生物群落分类学和功能香农-威纳指数均与植物的香农-威纳指数没有显著相关关系（分别为$r = 0.156$，$P = 0.629$和$r = 0.119$，$P = 0.713$；图5-14）。然而，微生物分类学和功能β多样性均与植物β多样性显著正相关（分别为$r = 0.358$，$P = 0.003$和$r = 0.235$，$P = 0.003$；图5-15），说明在草甸退化过程中，植物群落结构的变化对土壤微生物群落结构和功能具有重要影响。

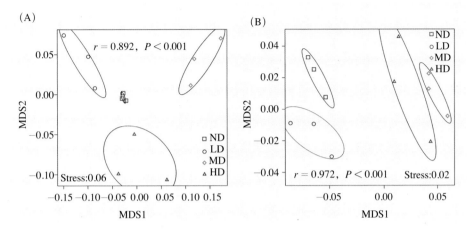

图5-13　基于Bray-Curtis的不同退化程度草甸土壤微生物群落分类（A）（基于NR 属水平）和功能（B）（基于KEGG level 3）的NMDS分析

Figure 5-13 NMDS plots of the microbial community compositions according to the （A） taxonomic profiles at the species level and （B） KEGG functional profiles at KEGG level 3

r，P为不同退化程度草甸之间群落相似性的ANOSIM检验结果；stress值表示NMDS的整体降维效果，一般要求该值＜0.1

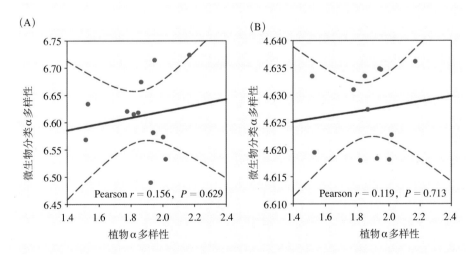

图5-14　植物α多样性与微生物分类（A）（基于NR 属水平）和功能（B）（基于KEGG level 3）α多样性（香农-威纳指数）之间的关系

Figure 5-14 Relationships between plant α diversity and microbial taxonomic （A） （based on NR genus level） and functional （B） （based on KEGG level 3） α diversity （Shannon-Wiener index）

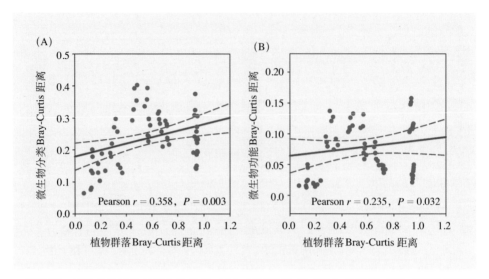

图 5-15　植物 β 多样性与微生物分类（A）（基于 NR 属水平）和功能（B）（基于 KEGG level 3）β 多样性之间的关系

Figure 5-15 Relationships between plant β diversity and microbial taxonomic （A）（based on NR genus level）and functional （B）（based on KEGG level 3）β diversity

5.5 环境变量对草甸退化过程中土壤微生物分类和功能群落结构的影响

RDA 结果表明，总氮、pH 和土壤有机质含量对微生物群落分类和功能组成具有显著影响（$P < 0.05$，图 5-16），分别解释了群落变量的 66.65% 和 64.48%。其中，总氮对微生物群落分类和功能组成均有最大的解释，分别解释了 50.5% 和 51.2%。

土壤环境因子在联系地上植物群落和地下微生物群落方面具有极为重要的作用。Mantel 分析发现土壤理化因子对微生物分类学组成（$r = 0.370$，$P = 0.011$）和功能组成（$r = 0.601$，$P = 0.015$）均具有显著影响。植物群落对土壤微生物群落分类（$r = 0.3523$，$P = 0.014$）和功能（$r = 0.885$，$P < 0.001$）组成也产生显著的影响，且对微生物功能组成的影响均大于对微生物分类组成的影响（表 5-2）。用偏 Mantel 分析发现，土壤理化因子对土壤微生物群

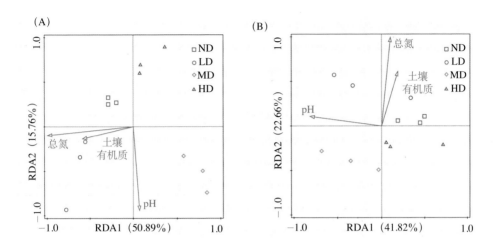

图5-16 不同退化程度草甸土壤微生物群落（A）分类和（B）功能组成的冗余分析

Figure 5-16 RDA of soil microbial（A）taxonomic and（B）functional composition in meadows with different degradation degrees

落分类组成（$r = 0.334$，$P = 0.005$）的影响大于功能组成（$r = 0.195$，$P = 0.045$），而植物群落对土壤微生物群落分类学组成的影响小于功能组成（分别为$r = 0.234$，$P = 0.014$和$r = 0.425$，$P = 0.014$）（表5-2）。总之，土壤理化因子和植物群落共同影响着微生物群落的种类和功能组成，其中土壤理化因子对微生物群落的分类组成影响较大，而植物群落对微生物群落功能影响较大。

表5-2 植物群落和土壤理化因子对微生物群落影响力的偏Mantel和Mantel分析

Table 5-2 The influence of plant communities and soil chemical properties on microbial communities determined by partial Mantel and Mantel test

影响变量	约束变量	偏Mantel分析				Mantel分析			
		宏基因组分类组成		宏基因组功能组成		宏基因组分类组成		宏基因组功能组成	
		r	P	r	P	r	P	r	P
植物群落距离	土壤理化距离	0.234	0.014	0.425	0.014	0.352	0.014	0.885	0.001
土壤理化距离	植物群落距离	0.334	0.005	0.191	0.045	0.370	0.011	0.601	0.015

注：显著性分析基于9 999次置换检验。

|5.6 讨论

5.6.1 土壤微生物群落的分类和功能多样性对亚高山草甸退化的响应

亚高山草甸退化被认为是山西省乃至黄土高原高海拔地区主要的土地利用变化，但以往对该地区土壤微生物群落分类学和功能多样性影响的研究较少。本研究的新颖之处在于应用 Illumina HiSeq 对 16S rRNA 基因和宏基因组进行测序，整合分类学和功能信息，以全面了解亚高山草甸退化对土壤微生物的影响。结果表明亚高山草甸退化显著影响了微生物群落的物种和功能结构，这支持了仅使用基于 PCR 的方法对其他站点细菌群落的描述（Li et al., 2016）。宏基因组测序能够减少扩增子测序时引物扩增带来的偏差，能更好地挖掘地下土壤微生物物种和功能多样性信息（Hultman et al., 2015；郭彦青，2017）。与扩增子测序结果不一样，亚高山草地退化过程中土壤微生物宏基因组物种分类和功能 α 多样性均发生了明显变化。

土壤微生物宏基因组物种分类和功能 α 多样性对草地退化的响应模式可能不一样，ND 和 HD 草甸中分类学 α 多样性没有显著差异，但在 HD 草甸的功能 α 多样性显著低于 ND。与 Zhang 等（2017）开展的为期 5 年的植物功能群移除实验结果一致，植物多样性与生产力降低导致土壤微生物功能多样性降低，但是对微生物群落分类多样性影响较小。LD 草甸土壤微生物的分类 α 多样性显著高于 ND 草甸，这可能是由于 LD 草甸中土壤微环境的异质性更高，使土壤微生物多样性也更高。随着草甸退化程度加剧后，许多原生植物逐渐消失，植物群落结构趋于单一，植物多样性下降，输入到土壤的枯落物和根系分泌物的多样性也会相应降低（Paredes and Lebeis，2016），从而导致在 MD 和 HD 草甸的土壤微生物功能多样性显著低于 ND 草甸。除了植物多样性，植物生产力下降也可能是退化草地土壤微生物功能多样性降低的主要原因之一（Millard and Singh，2010）。生产力下降限制了提供微生物的新鲜植物资源，因此强化了生态过滤，偏好负责能源生产/转化的代谢基因，从而导致许多具有其他功能的基因丧失（Zhang et al., 2017）。虽然 LD 草甸具有较高的分类多样性，但功能多样性与ND草甸差异不大，说明LD草甸具有较高的功能冗余性。微生物多样性的增加可以为特定生态功能提供充分的特性冗余保障，以应对草地退化过程中的显著变化（包括植物多样性和覆盖度）（Guo et al., 2017）。

5.6.2 土壤微生物功能类群和潜在功能途径对亚高山草地退化的响应

本研究结果表明，退化草甸中参与碳代谢、氨基酸生物合成、丙酮酸代谢、柠檬酸循环、丙酸代谢、丁酸代谢和脂肪酸代谢功能基因的相对丰度显著高于未退化草甸，而退化草甸中磷酸戊糖途径、精氨酸和脯氨酸代谢、有机含硒化合物代谢和酪氨酸代谢相关功能基因的相对丰度显著低于未退化草甸。其中碳代谢、丙酮酸代谢、柠檬酸循环、丙酸代谢、丁酸代谢和磷酸戊糖途径属于KEGG level 2中碳水化合物代谢；氨基酸生物合成、精氨酸和脯氨酸代谢和酪氨酸代谢均属于KEGG level 2中的氨基酸代谢。说明在退化草甸中，碳水化合物代谢、脂质代谢和氨基酸代谢发生了明显变化（Lai et al., 2021）。这可能是由于过度放牧导致的草地退化，地上的净初级生产力大部分被家畜采食，只有少量粪便和凋落物归还土壤（Zhou et al., 2017）。土壤得不到有机质的输入，便会加速分解其腐殖质层中的有机质、碳水化合物、氨基酸代谢和核苷酸代谢，导致退化草地中相应的微生物代谢功能基因丰度增加，以维持植物生长所需的养分有效性。这也体现了土壤微生物对逆境胁迫和干扰环境的适应性（Lai et al., 2021；Chen et al., 2020）。有研究证实随着草地退化程度的增加，土壤微生物对活性碳库进行同化后，可能会加速代谢顽固性碳库来适应土壤有机质输入不足（Breidenbach et al., 2022）。Che等（2017）发现在青藏高原高寒草甸退化斑块形成过程中，氨氧化微生物丰度明显增加，是退化过程中土壤氮流失的重要驱动因素。草地退化过程中碳氮代谢功能的改变可能会导致土壤中分解有机碳、氮的微生物及酶活性增加，从而促进土壤温室气体（CO_2和N_2O）排放通量增加（Breidenbach et al., 2022）。

分析了碳水化合物活性酶（CAZymes）编码基因丰度对亚高山草甸退化的响应。发现草甸退化提高了糖苷水解酶、糖基转移酶、碳水化合物结合模块和多糖裂合酶编码基因的丰度（图5-9）。退化草甸中CE1、GH15、

GH13和GH3类群的基因相对丰度显著降低（图5-10），GT2和CBM35酶家族的基因相对丰度显著升高（图5-10）。CE1亚家族具有许多活性，包括乙酰木聚糖酯酶（acetyl xylan esterase）、肉桂酰酯酶（cinnamoyl esterase）、阿魏酰酯酶（feruloyl esterase）、羧酸酯酶（carboxylesterase）、S-甲酰谷胱甘肽水解酶（S-formylglutathione hydrolase）、二酰甘油O-酰基转移酶（diacylglycerol O-acyltransferase）和海藻糖6-O-霉酰基转移酶（trehalose 6-O-mycolyltransferase），属于碳水化合物酯酶，主要涉及生物质转化和生物合成。GH15、GH13和GH3类群，均属于糖苷水解酶（Cantarel et al., 2009）。GH13家族又名α-淀粉酶家族，如α-淀粉酶（α-amylase）、普鲁兰酶（pullulanase）和环麦芽糊精葡聚糖转移酶（cyclomaltodextrin glucanotransferase）等（Kumar et al., 2010）。GH3亚家族包括β-葡萄糖苷酶（β-glucosidase）、木聚糖1，4-β-木糖苷酶（xylan 1，4-β-xylosidase）、β-葡萄糖基神经酰胺酶（β-glucosylceramidase）和β-N-乙酰己糖胺酶（β-N-acetylhexosaminidase）等11个已知的功能活性，主要涉及半纤维素降解（Cardenas et al., 2015）和抗体修饰等（Faure et al., 2002）。物种和功能回归分析结果（图5-11）表明，微生物群落物种α多样性的变化与群落功能α多样性的变化没有显著相关关系，而物种β多样性和功能β多样性显著相关，说明亚高山草甸退化对土壤微生物物种和功能结构的变化具有一致性和同步性，物种和功能β多样性比α多样性更适合作为亚高山草甸退化过程的预测因子。

5.6.3 植物群落β多样性与微生物群落分类和功能β多样性显著相关

研究结果表明，在草甸退化过程中植物群落α多样性和土壤微生物群落分类学和功能α多样性的相关性均不显著（图5-14）。我们的研究结果有力地支持了Wardle等的结论（Wardle et al., 2006），即土壤微生物和植物α多样性在很大程度上是不耦合的。这种显著关系的缺乏可能是由于驱动土壤微生物和植物α多样性的生物地理因素的差异，掩盖或者忽略了退化干扰下对植物丰富度的潜在影响。Bardgett等（2005）也发现干扰事件可能导致植物α多样性的变化，而且与微生物α多样性的变化并不同步。

尽管植物群落α多样性与土壤微生物群落分类和功能α多样性没有显著的相关关系，但是通过植物群落β多样性可以显著预测土壤微生物群落分类和功能的β多样性（图5-15）。说明在草地退化过程中，植物群落结构变化对土壤微生物群落结构和功能产生直接或间接影响，证实了先前全球尺度的研究结果，即植物群落组成对微生物群落组成具有重要影响（Prober et al., 2015）。目前植物和土壤微生物之间β多样性的关系并不明确。一些研究表明，植被类型和土壤微生物模式在全球（Prober et al., 2015）、区域（Griffiths et al., 2011）和局域（Li et al., 2018）尺度上存在显著相关性，而其他研究则发现植物群落和土壤微生物群落受到不同环境驱动因素的影响（Soininen, 2018）。本研究中植物群落可能通过多种途径直接或间接影响微生物的群落结构和功能（Li et al., 2018；Luo et al., 2020）。首先，由于草地退化导致植物地上和地下生物量的减少，降低了输入到土壤中的凋落物和根的碳含量，从而影响了微生物利用底物的有效性。不同的植被产生不同数量和质量的植物凋落物，主要导致土壤碳氮的变化，最终导致微生物群落组成和功能的变化（Sariyildiz and Anderson, 2003）。其次，植物组成的显著改变，如退化过程中莎草科植物的减少和非禾本植物的增加，也可能对微生物群落产生显著影响。植物物种对其相关微生物的选择性效应已被广泛报道（Micallef and Shiaris, 2009）。

5.6.4 土壤特性决定了亚高山草甸退化过程中土壤微生物群落结构的变化

不同退化程度草甸土壤微生物群落和组成差异显著，说明微生物群落分类和功能的结构均对亚高山草甸退化敏感。土壤特性是塑造土壤微生物群落的最重要因素之一。以往的研究表明（Che et al., 2019；Yu et al., 2021），土壤物理化学变量在草地退化过程中对微生物群落的形成起着至关重要的作用。李海云等（2019）的研究表明，土壤速效钾、全氮、速效氮和有机碳是祁连山不同退化高寒草地土壤真菌群落结构变化的主要驱动因子。Li 等（2016）在青藏高原退化高寒草甸的研究发现，土壤总碳、总有机碳、总氮、总磷和总钾等土壤营养条件显著影响细菌和真菌群落结构。在本研究中，总氮、pH和土壤有机质含量对微生物群落分类和功能组成均具有显著影响（$P < 0.05$），表明草地

退化过程中微生物多样性组成和结构的差异很可能是土壤特性造成的。与本研究结果相似，先前的研究也证实（Wang et al., 2009；Guo et al., 2018），上述因素影响了土壤微生物群落。目前，许多研究集中在氮梯度对土壤微生物群落的影响（De Deyn and Van Der Putten，2005；Leff et al., 2015），因为全球的生态系统都受到高水平氮的影响。例如，Ramirez 等（2012）发现短期施用氮肥后，草地土壤微生物群落规模将会扩大。相反，长期施用氮肥会导致草地土壤微生物群落组成发生改变，增加氮肥用量可能对土壤中碳循环产生潜在的负面影响，同时促进具有已知致病性状的真菌属的形成（Paungfoo-Lonhienne et al., 2015）。在草地生态系统中，土壤pH的变化会直接影响草地土壤微生物酶的活性，从而导致草地土壤微生物代谢功能的改变（Burke et al., 2011）。土壤有机质的含量和质量对微生物的功能过程具有重要的调节作用（Ding et al., 2015）。许多土地利用方式改变的研究均发现有机质在微生物群落形成过程中起关键作用，包括森林砍伐（Navarrete et al., 2015）、放牧管理（Xun et al., 2018）和植被恢复（Guo al., 2018）。综上所述，亚高山草甸退化显著改变了土壤微生物分类和功能多样性，土壤特性在塑造微生物群落多样性方面发挥着重要作用。

5.7 小结

（1）本研究采用宏基因组测序方法分析了五台山亚高山草甸退化过程中土壤微生物群落分类和功能的组成、多样性和结构变化以及驱动机制。土壤微生物群落从门到属，在低分类水平和高分类水平上物种组成均有明显变化。

（2）退化草甸中参与碳代谢、氨基酸生物合成、丙酮酸代谢、柠檬酸循环、丙酸代谢、丁酸代谢和脂肪酸代谢功能基因的相对丰度显著高于未退化草甸。草地退化改变了亚高山草甸土壤微生物群落能量代谢和营养循环的代谢潜能。

（3）亚高山草甸退化总体上改变了土壤微生物分类和功能α多样性，特别是退化程度较大的MD和HD草甸，微生物功能多样性显著降低。地上植物群落与地下土壤真菌群落之间的α多样性没有显著相关关系，而微生物分类和功能β多样性均与植物β多样性显著正相关。

（4）NMDS和ANOSIM分析结果表明不同退化阶段的亚高山草甸土壤微生物群落分类和功能组成存在显著差异。总氮、pH和土壤有机质含量对微生物群落分类和功能组成具有显著影响。土壤理化因子和植物群落共同影响着微生物群落的种类和功能组成，其中土壤因子对微生物群落的分类组成影响较大，而植物群落对微生物群落功能影响较大。

6. 亚高山草甸退化过程中土壤养分流失的潜在微生物机制

　　草地退化通常伴随着植物群落物种组成的变化和植物多样性、地上生物量和生产力的普遍下降（Li et al., 2016；Li et al., 2018；Luo et al., 2020）。在草地退化过程中，地上生物量或生产力的下降将减少输入土壤的凋落物的质量和数量，并改变土壤养分动态，如碳和氮（Zhang et al., 2011；He and Richards, 2015）。同样，植物组成的变化也会改变土壤枯落物输入的质和量（Shang et al., 2008；Li et al., 2018）。凋落物投入的减少必然会对退化草地土壤微生物组产生巨大影响。草地退化不仅影响植被特征，还通过改变土壤pH（Che et al., 2019）、全氮（Luo et al., 2020）和土壤有机碳（SOC）（Yu et al., 2021）等性质，直接影响土壤微生物群落。这些微生物群落对草地退化也表现出反馈效应，影响植被组成和土壤养分的储存和流失。草地退化过程中，土壤微生物群落可能发挥着双重作用（Wang et al., 2009；Xun et al., 2018）。一方面，土壤微生物（如重氮营养菌、解磷细菌、丛枝菌根真菌等）可能通过提高植物对环境胁迫的抗性来促进退化草地的恢复（Pii et al., 2015；Singh, 2015；Ezawa and Saito, 2018；Lai et al., 2021）。另一方面，硝化/反硝化细菌和植物病原体等土壤微生物可能通过加剧土壤养分流失或植物病害而加剧草地退化（Che et al., 2017；Lennon and Houlton, 2017）。以往对草地退化的研究多关注土壤微生物群落分类学组成的变化（Cai et al., 2014；Che et al., 2019；Zhou et al., 2019）。然而，草地退化过程中微生物功能的变化及其对土壤养分的潜在反馈机制尚不清楚。

　　SOC是土壤肥力的重要指标，通过减少土壤侵蚀和缓解气候变化，在土壤物理、化学和生物学特性方面发挥重要作用（Wang et al., 2021）。在陆地生态系统碳循环中，土壤微生物既可以通过分解代谢将碳释放到大气中，也可以通过合成代谢将外源碳转化为土壤稳定的有机碳并储存在土壤中（Liang et al., 2017；Zhu et al., 2020）。因此，微生物可以直接影响环境中SOC的转化、分解和积累，从而影响土壤肥力的发展与演变（Xun et al., 2018；Yang et al., 2022）。在草地退化过程中，植物源性底物对土壤微生物的可用性降低，同时土壤微生物源性碳（主要是微生物残体碳）的积累可能减少，导致SOC储量减少（Liang et al., 2017；Liang et al., 2019）。我们推测土壤微生物在草地退化过程中主要发挥分解者的作用，以应对草地退化造成的不利环境。为了获得所需的能量和养分，微生物在细胞外分泌合成酶催化更多土壤有机基质的分解，特别是土壤稳定性有机碳（Liang et al., 2017；Luo et al., 2017）。例如，β-葡萄糖苷酶是一种纤维素水解酶，可以将寡糖水解为单糖，从而为土壤微生物提供可用的底物和能量。β-N-乙酰氨基葡萄糖苷酶通常催化甲壳素和肽聚糖水解，从而从土壤有机质中释放碳和氮（Luo et al., 2017）。此外，在胞外酶催化分解有机质的过程中，释放大量CO_2到大气中，减少了SOC库的积累。

以往的研究表明，土壤碳和氮养分流失与草地退化紧密耦合（Dlamini et al., 2014；Liu et al., 2021），草地生态系统土壤肥力损失和CO_2释放在很大程度上取决于微生物介导的碳氮循环（Geisseler et al., 2010；Zhou et al., 2017）。土壤微生物参与了凋落物分解、硝化和反硝化等地下生态过程，其数量、活性和群落结构的变化对土壤氮的含量产生一系列影响（Kuypers et al., 2018）。它们还通过与大气交换（氮固定和反硝化）和硝酸盐淋溶来调节生物有效氮，并影响植物吸收有效氮的形式（Nelson et al., 2016）。总之，土壤微生物组可能通过自身代谢参与元素循环和有机质分解过程，在决定退化草地发展方向中发挥关键作用（Singh, 2015；Yu et al., 2021）。然而，受草地退化影响的土壤微生物对草地进一步退化的潜在反馈作用往往被忽视。特别是草地退化过程中，土壤微生物介导的碳氮循环对SOC和氮的影响尚不明确。

本研究以五台山亚高山草甸为对象，采用宏基因组测序技术分析了不同退化程度（由轻到重）草甸土壤微生物群落的变化。我们假设：（1）亚高山草甸退化过程中植物和土壤参数的变化改变了土壤微生物介导碳氮循环功能的基因丰度和组成；（2）草甸退化增加了参与有机碳分解功能的微生物丰度，可能促进亚高山草甸土壤由碳汇向碳源转变；(3) 亚高山草甸退化过程中参与硝化和反硝化作用的微生物丰度增加，导致土壤氮流失加速，并对草甸生态系统功能产生负面影响。本研究旨在：(1) 揭示亚高山草甸退化对土壤微生物碳氮循环功能的影响；(2) 确定影响介导碳氮循环功能的土壤微生物群落变化的主要驱动因素；(3) 探索亚高山草甸土壤微生物介导的碳、氮循环对草地退化的响应及其与土壤养分流失的关系。

6.1 亚高山草地退化过程中微生物介导的碳循环过程的变化

基于KEGG数据库，在所有土壤宏基因组中共鉴定出4 186 616个碳循环相关功能基因 (19.8%)、27 551个氮循环相关功能基因 (0.13%) 和45 322个碳降解相关功能基因 (0.21%)（表6-1至表6-3）。随着原生亚高寒草甸向退化亚高寒草甸的转变，碳降解相关基因的丰度显著增加 ($P < 0.05$)，而碳和氮循环相关基因的丰度在三个不同程度退化阶段趋于稳定 ($P > 0.05$，图6-1）。

通过对18种碳循环途径的研究（图6-2和表6-1），相关功能基因的丰度从大到小依次为：原核生物中碳固定途径 (carbon fixation pathways in prokaryotes)、丙酮酸代谢 (pyruvate metabolism)、乙醛酸与二羧酸代谢 (glyoxylate and dicarboxylate metabolism)、柠檬酸循环 (TCA循环)、糖酵解/糖异生 (glycolysis / gluconeogenesis)、丙酸代谢 (propanoate metabolism)、甲烷代谢 (methane metabolism)、丁酸代谢 (butanoate metabolism)、氨基糖和核苷酸糖的代谢 (amino sugar and nucleotide sugar metabolism)、磷酸戊糖途径 (pentose phosphate pathway)、淀粉与蔗糖代谢 (starch and sucrose metabolism)、光合生物体中的碳固定 (carbon fixation in photosynthetic organisms)、C5-二元酸代谢 (C5-branched dibasic acid metabolism)、果糖和甘露糖新陈代谢 (fructose and mannose metabolism)、半乳糖代谢 (galactose metabolism)、戊糖和葡萄糖醛酸的相互转化 (pentose and glucuronate interconversions)、抗坏血酸和醛酸代谢 (ascorbate and aldarate metabolism) 和磷酸肌醇代谢 (inositol phosphate metabolism)。与未退化草甸相比，退化草甸中丙酮酸代谢、乙醛

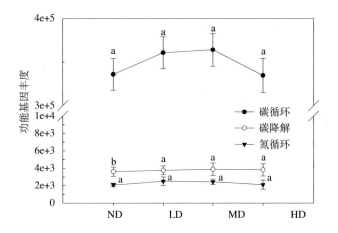

图6-1　未退化草甸（ND）、轻度退化草甸（LD）、中度退化草甸（MD）和重度退化草甸（HD）中碳循环、碳降解和氮循环功能基因的丰度（基于KEGG数据库）

Figure 6-1 The abundance of selected functional genes from the KEGG database C cycling, C degradation and N cycling genes in nondegraded（ND）, lightly degraded（LD）, moderately degraded（MD）and heavily degraded meadows（HD）.

柱状图上不同字母表示差异显著，$P < 0.05$

酸与二羧酸代谢、TCA循环和丙酸代谢相关基因的相对丰度明显升高（$P < 0.05$），而甲烷代谢、磷酸戊糖途径、C5-二元酸代谢和抗坏血酸和醛酸代谢相关基因的相对丰度明显降低（$P < 0.05$）（图6-2和表6-1）。

　　碳降解相关基因中，纤维素降解中α-葡萄糖苷酶、6-磷酸-β-葡萄糖苷酶、纤维二糖磷酸化酶，参与几丁质降解的几丁质酶，以及糖利用过程中的葡萄糖激酶和半乳糖激酶的编码基因丰度在亚高山草甸退化阶段发生了显著变化（$P < 0.05$），且呈增加的趋势（表6-2）。MD和HD草甸中纤维素降解基因、糖利用基因和几丁质降解基因的相对丰度显著高于ND草甸，而退化草甸中半纤维素降解基因的相对丰度显著低于ND草甸（图6-3）。在4种光合碳固定途径和5种特定原核生物碳固定途径中（表6-3），CAM（景天酸代谢）和还原性柠檬酸盐循环（Arnon-Buchanan循环）的相关功能基因丰度分别在光合碳固定途径和原核生物中碳固定途径中最高。然而只有还原性磷酸戊糖循环和还原性柠檬酸盐循环在退化的过程中发生了明显的变化（表6-3）。

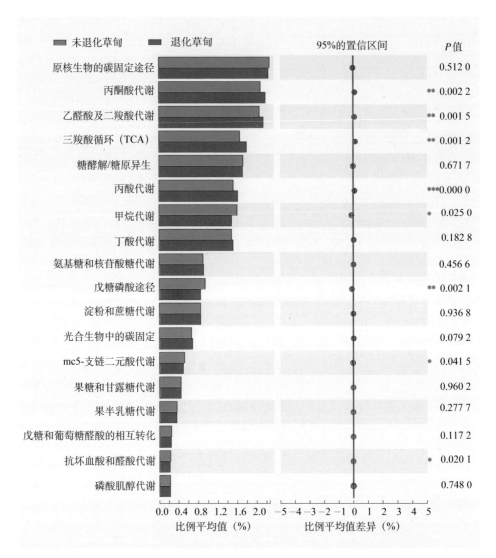

图6-2　未退化与退化（包括轻度、中度和重度退化）草甸土壤碳循环功能基因（KEGG level 3）相对丰度的STAMP分析

Figure 6-2 STAMP analysis of the relative abundance of C cycling functional gene categories at KEGG level 3 obtained from undegraded grassland soils versus degraded（LD，MD and HD）meadow soils

表6-1 选择与碳循环相关的基因（基于KEGG pathway Level 3）及其在草地退化阶段的丰度

Table 6-1 Selected genes related to C cycling and their abundances at grassland degradation stages

描述 Description		KEGG pathway Level 2	ND	LD	MD	HD	P值
KEGG pathway Level 3							
氨基糖和核苷酸糖的代谢		碳水化合物代谢	45 250	51 506	50 088	44 768	0.094 3
抗坏血酸和醛酸代谢		碳水化合物代谢	12 000	13 036	11 832	11 090	0.021 6
丁酸代谢		碳水化合物代谢	77 924	87 558	84 400	77 478	0.094 3
C5-二元酸代谢 C5		碳水化合物代谢	26 760	28 476	27 376	24 768	0.036 1
柠檬酸循环（TCA循环）		碳水化合物代谢	85 688	90 510	103 696	89 952	0.068 7
果糖和甘露糖新陈代谢		碳水化合物代谢	22 482	24 262	23 594	22 546	0.086 1
半乳糖代谢		碳水化合物代谢	18 902	20 812	19 348	18 454	0.094 3
糖酵解/糖异生		碳水化合物代谢	89 460	97 050	93 582	89 058	0.049 9
乙醛酸与二羧酸代谢		碳水化合物代谢	105 602	108 116	121 386	106 928	0.023 7
磷酸肌醇代谢		碳水化合物代谢	11 172	11 246	11 610	11 334	0.098 7
磷酸戊糖途径		碳水化合物代谢	12 614	13 406	12 924	12 176	0.021 6
戊糖和葡萄糖醛酸酯的相互转化		碳水化合物代谢	48 898	53 796	45 452	43 888	0.018 8
丙酸代谢		碳水化合物代谢	77 414	80 964	90 302	80 180	0.018 8
丙酮酸代谢		碳水化合物代谢	108 956	117 924	121 288	112 922	0.033 7
淀粉与蔗糖代谢		碳水化合物代谢	45 194	47 796	47 166	45 720	0.092 2
原核生物中碳固定途径		能量代谢	34 466	37 290	38 032	34 472	0.183 4
光合生物体中的碳固定		能量代谢	117 192	123 954	124 594	114 908	0.963 4
甲烷代谢		能量代谢	67 868	74 530	65 836	63 394	0.023 2
总计			1 007 842	1 082 232	1 092 506	1 004 036	

表 6-2 碳降解相关的基因及其在草地退化阶段的丰度

Table 6-2 Selected genes related to C degradation and their abundances at grassland degradation stages

碳降解途径	KO	定义 Definition	ND	LD	MD	HD	P值
纤维素降解	K05349	β-葡萄糖苷酶 [EC: 3.2.1.21]	2 472	2 958	2 762	2 596	0.536 1
	K05350	β-葡萄糖苷酶 [EC: 3.2.1.21]	1 144	990	1 170	1 142	0.321 2
	K01187	α-葡萄糖苷酶 [EC: 3.2.1.20]	1 726	1 538	1 914	1 916	0.036 5
	K01222	6-磷酸-β-葡萄糖苷酶 [EC: 3.2.1.86]	418	324	470	278	0.126 0
	K01223	6-磷酸-β-葡萄糖苷酶 [EC: 3.2.1.86]	18	20	12	60	0.011 5
	K01179	内切葡聚糖酶 [EC: 3.2.1.4]	516	742	526	470	0.459 1
	K00702	纤维二糖磷酸化酶 [EC: 2.4.1.20]	18	94	34	40	0.039 0
半纤维素降解	K01218	甘露聚糖内切酶-1, 4-β-甘露糖苷酶 [EC: 3.2.1.78]	78	40	6	16	0.016 8
几丁质降解	K01183	几丁质酶 [EC: 3.2.1.14]	114	160	178	184	0.034 6
糖利用	K01804	L-阿拉伯糖异构酶 [EC: 5.3.1.4]	408	450	524	484	0.269 1
	K00847	果糖激酶 [EC: 2.7.1.4]	466	404	404	492	0.261 9
	K00845	葡萄糖激酶 [EC: 2.7.1.2]	1 416	1 662	1 246	1 550	0.044 5
	K00849	半乳糖激酶 [EC: 2.7.1.6]	156	200	276	434	0.017 1
	K00886	多磷酸葡萄糖激酶 [EC: 2.7.1.63]	326	256	314	312	0.753 9
	K00854	木糖激酶 [EC: 2.7.1.17]	892	786	866	762	0.258 8
	K12308	β-半乳糖苷酶 [EC: 3.2.1.23]	512	498	518	598	0.374 6
	K02793	PTS 系统，甘露糖特异性 IIA 成分 [EC: 2.7.1.191]	200	192	450	124	0.000 0
总计			10 880	11 314	11 670	11 458	

表6-3 碳固定相关的基因及其在草地退化阶段的丰度

Table 6-3 Selected genes related to C fixation and their abundances at grassland degradation stages

	Module	定义 Definition	ND	LD	MD	HD	P值
光合生物中碳固定途径	M00165	还原性磷酸戊糖循环（卡尔文循环）	764	798	840	898	0.014 1
	M00167	还原性磷酸戊糖循环，甘油醛-3P => 核酮糖-5P	1 144	990	1 170	1 142	0.358 1
	M00169	CAM（景天酸代谢），黑暗	8 528	8 618	9 332	8 640	0.114 8
	M00168	CAM（景天酸代谢），光照	1 828	1 956	2 018	1 982	0.503
	M00173	还原性柠檬酸盐循环（Arnon-Buchanan循环）	8 730	11 924	7 832	8 886	0.024 0
原核生物中碳固定途径	M00374	二羧酸-羟基丁酸酯循环	164	168	208	254	0.341
	M00376	3-羟基丙酸酯途径	780	794	720	796	0.429 9
	M00377	还原性乙酰-CoA途径（Wood-Ljungdahl途径）	1 738	1 836	1 652	1 538	0.666 5
	M00375	羟基丙酸酯-羟基丁酸丁酸循环	5 432	5 340	5 074	56 64	0.120 9
总计			29 108	32 424	28 846	29 700	

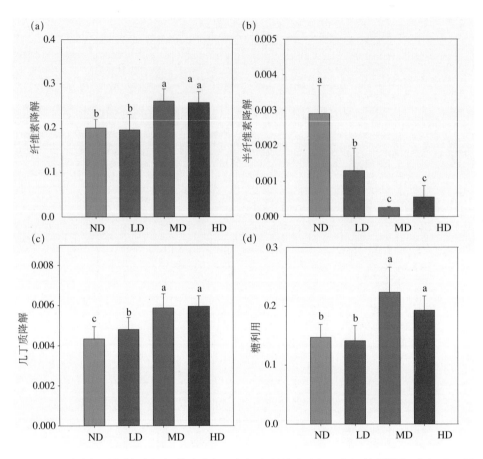

图6-3 碳降解［包括（a）纤维素降解、（b）半纤维素降解、（c）糖利用和（d）几丁质降解］相关基因的相对丰度变化

Figure 6-3 The relative abundances of genes related to C degradation（including（a）Cellulose degradation，（b）Hemi-cellulose degradation，（c）Sugar utilization and（d）Chitin degradation）.

6.2 亚高山草甸退化过程中微生物介导的氮循环过程的变化

　　从代谢通路角度分析了亚高山草甸退化过程中土壤中氮代谢的相关路径，主要包括异化性硝酸盐还原（dissimilatory nitrate reduction）、同化性硝酸盐还原（assimilatory nitrate reduction）、硝化作用（nitrification）、反硝化作用（denitrification）以及固氮作用（nitrogen fixation）（图6-4和表6-4）。在氮循环相关基因中，氮固定基因（*nifD*、*nifH*和*nifK*）在退化草甸中显著高于未退化草甸（*P* < 0.05），而同化硝态氮还原相关基因（*narB*和*nirA*）在退化草甸中普遍低于未退化草甸。反硝化基因（*nirK*、*nirS*、*norB*和*norC*）和硝化基因（*pmoA* / *amoA*、*pmoB* / *amoB*、pmoC/amoC和*hao*）的相对丰度在所有退化草甸中都较高，而*nosZ*基因的丰度没有明显的变化趋势。与ND草甸相比，*nosZ*含量在LD草甸中增加4.2%，在MD草甸中增加8.0%，在HD草甸中显著降低37.5%（*P* < 0.05）（图6-4）。与异化性硝酸盐还原相关的基因（*nirB*、*nirD*、*nrfA*和*nrfH*）变化结果也不一致，退化草甸的*nirB*丰度高于未退化草甸，退化草甸的*nirD*丰度普遍低于未退化草甸，而*nrfA*和*nrfH*没有明显的变化规律（图6-4）。

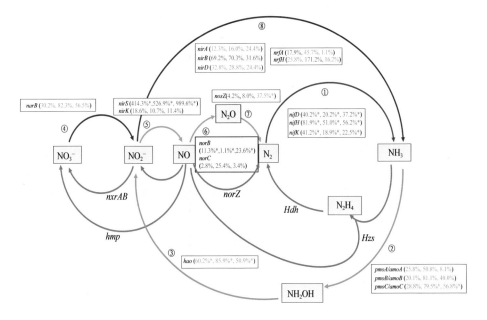

图6-4　未退化草地与退化草地（LD、MD和HD）氮循环基因相对丰度的差异

Figure 6-4 The difference in therelative abundance of N cycling gene between undegraded and versus degraded（LD，MD and HD）grasslands

注：图中百分比按如下顺序排列：ND vs LD，ND vs MD和ND vs HD。红色或绿色百分比数值分别代表相应基因丰度的增加值或减少值。红色实线①表示固氮作用（相关基因*nifH* / *nifD* / *nifK*）；绿色实线②③表示硝化作用（*pmoA* / *amoA* / *pmoB* / *amoB* / *pmoC* / *amoC*和*hao*）。蓝色实线（⑤⑥⑦）表示反硝化作用（*nirK* / *nirS* / *norB* / *norC* / *nosZ*），紫色实线④⑧分别表示同化性硝酸盐还原作用（*narB* / *nirA*）和异化性硝酸盐还原作用（*nirB* / *nirD* / *nrfA* / *nrfH*）。*表示的相对丰度变化具有统计学意义（*P* < 0.05）

表 6-4　氮循环相关的基因及其在草地退化阶段的丰度

Table 6-4　Selected genes related to N cycling and their abundances at grassland degradation stages

氮循环途径	KO	定义	ND	LD	MD	HD	P值
固氮作用	K02588	固氮酶铁蛋白 (nifH) [EC:1.18.6.1]	1	32	26	14	**0.0145**
	K02586	固氮酶钼铁蛋白α链 (nifD) [EC:1.18.6.1]	1	2	22	4	**0.0254**
	K02591	固氮酶钼铁蛋白β链 (nifK) [EC:1.18.6.1]	1	14	2	12	**0.0321**
硝化作用	K10944	甲烷/氨单加氧酶亚基A (pmoA/amoA) [EC:1.14.18.3 1.14.99.39]	72	130	28	46	0.0648
	K10945	甲烷/氨单加氧酶亚基B (pmoB/amoB)	66	178	12	28	**0.0294**
	K10946	甲烷/氨单加氧酶亚基C (pmoC/amoC)	264	294	60	98	**0.0054**
	K10535	羟胺脱氢酶 (hao) [EC:1.7.2.6]	138	202	14	42	**0.0060**
反硝化作用	K00368	亚硝酸盐还原酶 (NO形成) (nirK) [EC:1.7.2.1]	622	760	844	734	0.1791
	K15864	亚硝酸盐还原酶 (NO形成)/羟胺还原酶 (nirS) [EC:1.7.2.1 1.7.99.1]	16	22	88	128	**0.0317**
	K04561	一氧化氮还原酶亚基B (norB) [EC:1.7.2.5]	1 324	1 574	1 450	1 674	0.2169
	K02305	一氧化氮还原酶亚基C (norC) [EC:1.7.2.5]	82	244	98	84	0.1391
	K00376	一氧化二氮还原酶 (nosZ) [EC:1.7.2.4]	312	312	316	162	**0.0023**
异化性硝酸盐还原	K00362	亚硝酸盐还原酶 (NADH) 大亚基 (nirB) [EC:1.7.1.15]	1 070	1 020	2 078	1 476	**0.0074**
	K00363	亚硝酸盐还原酶 (NADH) 小亚基 (nirD) [EC:1.7.1.15]	146	194	122	108	0.6057
	K03385	亚硝酸盐还原酶 (细胞色素C-552) (nrfA) [EC:1.7.2.2]	290	622	162	260	**0.0175**
	K15876	细胞色素C亚硝酸还原酶小亚基 (nrfH)	32	46	122	24	0.1692
同化性硝酸盐还原	K00367	硝酸铁氧还蛋白还原酶 (narB) [EC:1.7.7.2]	50	82	10	22	0.1806
	K00372	同化硝酸还原酶催化亚基 (nasA) [EC:1.7.99.4]	1 300	1 326	1 378	1 070	0.1942
	K00360	同化硝酸还原酶电子转移亚基 (nasB) [EC:1.7.99.4]	2	1	56	20	**0.0021**
	K00366	亚硝酸铁氧蛋白还原酶 (nirA) [EC:1.7.7.1]	466	480	470	358	0.6041
总计			6 255	7 534	7 358	6 364	

6.3 环境变量对参与土壤碳氮循环功能微生物群落的影响

基于环境因子排序回归分析表明（表6-5），总氮（TN）、总碳（TC）、铵态氮（NH_4^+-N）、土壤含水量（SWC）、土壤黏粒（clay）、硝态氮（NO_3^--N）、地上生物量（AGB）、土壤有机质（SOM）、植物盖度、土壤容积密度（bulk density）和土壤碳循环微生物群落β多样性显著相关（$P < 0.05$），总氮（$R^2 = 0.93$，$P < 0.001$）、总碳（$R^2 = 0.75$，$P < 0.001$）、铵态氮（$R^2 = 0.73$，$P < 0.001$）、土壤含水量（$R^2 = 0.53$，$P < 0.01$）与土壤碳循环功能微生物群落β多样性的一致性最高（图6-5）。碳固定和甲烷代谢微生物群落与碳循环微生物群落类似，其β多样性的变化均与总氮、总碳、铵态氮等环境因子关系最密切（表6-5）。总碳、地上生物量和土壤含水量是碳降解微生物群落β多样性变化的最佳预测因子（表6-5）。对环境因子数据与氮循环功能基因的β多样性数据进行线性回归分析发现（表6-5和图6-6），总氮、总碳、铵态氮、硝态氮与氮循环功能微生物群落结构的变化显著相关（$P < 0.05$），环境因子解释度从大到小依次为：总氮（$R^2 = 0.87$，$P < 0.001$）、铵态氮（$R^2 = 0.67$，$P < 0.01$）、总碳（$R^2 = 0.55$，$P < 0.01$）和硝态氮（$R^2 = 0.40$，$P < 0.05$）。总体来看，草甸退化过程中，土壤养分的变化（如总碳、总氮、有机质等）对土壤碳氮循环微生物群落的影响最大。

表6-5 环境变量对参与土壤碳氮循环微生物群落的影响

Table 6-5 Effects of environmental variables on microbial communities involved in soil carbon and nitrogen cycle

环境变量	碳循环	碳降解	碳固定	甲烷代谢	氮循环
土壤含水量	0.532 0[**]	0.521 4[**]	0.520 7[**]	0.558 4[**]	
容重	0.347 6[*]	0.324 1[*]			
黏粒	0.440 5[*]		0.374 7[*]	0.414 4[*]	
pH		0.032 5[*]			
总氮	0.927 6[***]		0.904 0[***]	0.916 7[***]	0.872 4[***]

（续）

环境变量	碳循环	碳降解	碳固定	甲烷代谢	氮循环
总碳	0.754 1***	0.832 1*	0.701 8***	0.732 5***	0.551 5**
有机质	0.386 1*	0.342 5*	0.356 3*	0.396 7*	
硝态氮	0.434 0*	0.423 5*	0.461 0*	0.463 7*	0.400 9*
铵态氮	0.725 2***	0.425 4*	0.598 4**	0.676 2***	0.671 1**
植物盖度	0.370 6*	0.485 4*			
地上生物量	0.396 9*	0.547 5*	0.339 3*		

注：表中的数值为环境因子排序回归分析的线性回归决定系数R^2，*** 表示$P < 0.001$；** 表示$P < 0.01$；* 表示$P < 0.05$。

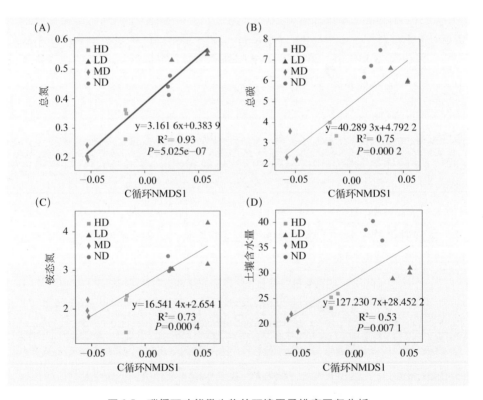

图6-5　碳循环功能微生物的环境因子排序回归分析

Figure 6-5 Regression analysis of environmental factor sequencing of carbon cycling functional microorganisms

注：（A）总氮；（B）总碳；（C）铵态氮；（D）土壤水分含量。Y轴代表环境因子，X轴代表KEGG功能层次上NMDS分析的排序轴；R^2为决定系数，代表变异被回归直线解释的比例，R^2越大，表明该环境因子（如pH或温度等）对样本在PCA / PCoA / NMDS排序轴上差异的解释度越高。下同

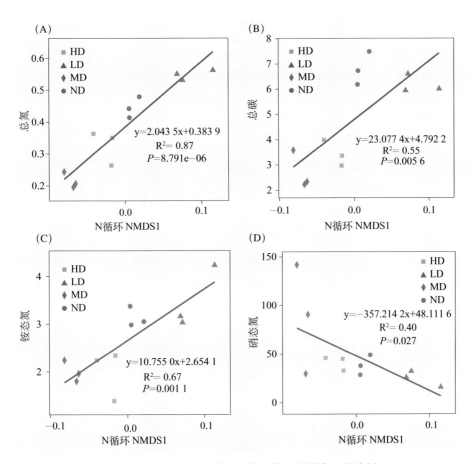

图6-6　氮循环功能微生物的环境因子排序回归分析

Figure 6-6 Regression analysis of environmental factor sequencing of nitrogen cycling functional microorganisms

6.4 基于结构方程模型解析亚高山草甸退化过程中不同因子的交互作用

　　草甸退化过程中植物的群落组成和地上生物量发生了显著变化，通过结构方程模型进一步验证了这些变化对土壤理化性质和土壤细菌群落和真菌群落结构（基于扩增子高通量数据）的影响。模型拟合（$\chi^2 = 0.296$，$P = 0.586$，$GIF = 0.996$，$ACI = 54.296$，$RMSEA = 0.000$），表明模型拟合度较佳（图6-7）。植物群落组成的变化对土壤细菌和真菌群落组成产生显著直接影响（分别为 $r =$ 0.488，$P = 0.05$ 和 $r = 0.864$，$P = 0.01$），通过影响总氮含量间接影响细菌群落结构，以及进一步通过硝态氮对真菌群落结构变化产生间接影响（图6-7）。草甸退化过程中地上生物量对土壤细菌和真菌没有产生显著直接影响，而是通过改变土壤含水量和总氮含量间接影响细菌群落组成，以及进一步影响硝态氮含量间接影响真菌群落结构（图6-7）。

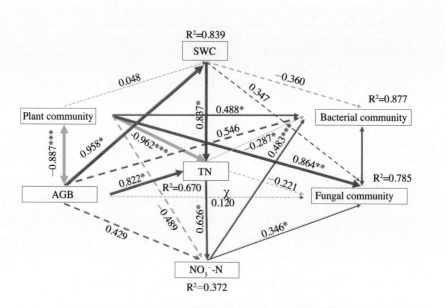

$\chi^2 = 0.296$；$P = 0.586$；GFI$= 0.996$；ACI$= 54.296$；RMSEA$= 0.000$

图6-7　结构方程模型分析亚高山草地退化过程中土壤、植物、细菌和真菌群落结构之间的关系

Figure 6-7 The relationship among soil, plant, bacteria and fungi community structures during subalpine grassland degradation was analyzed by structural equation model

实线箭头和虚线箭头分别表示显著相关和非显著相关，连线上的数字表示路径系数，线的宽度与路径系数呈正相关，红色和绿色连线分别表示正相关和负相关，$*P < 0.05$，$**P < 0.01$，$***P < 0.001$ 表示，变量边上数字表示模型解释的方差 R^2。下同。Plant community：植物群落结构；AGB：地上生物量；SWC：土壤含水量；TN：总氮；NO_3-N：硝态氮；Bacterial community：细菌群落结构；Fungal community：真菌群落结构

基于宏基因组数据，采用结构方程模型进一步研究草甸退化过程中植物群落和地上生物量变化对土壤养分、土壤微生物群落结构和碳氮循环功能的影响。模型拟合效果良好（$P>0.05$、GFI>0.90和RMSEA < 0.05），模型拟合相关数据$\chi^2 = 1.289$，$P = 0.972$，GIF = 0.983，ACI = 61.289，RMSEA = 0.000（图6-8）。植物群落组成的变化直接对土壤微生物群落结构和碳循环功能组成产生显著影响（分别为$r = -0.444$，$P < 0.001$和$r = 0.135$，$P < 0.05$），通过影响总氮含量间接影响微生物群落结构和氮循环功能组成（图6-8）。植物群落组成也通过间接影响微生物群落结构进一步影响碳和氮循环功能组成。地上生物量

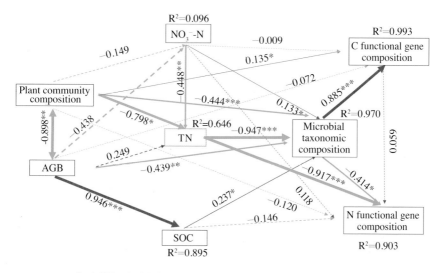

$\chi^2 =1.289$；$P=0.972$；$GFI=0.983$；$ACI=61.289$；$RMSEA=0.000$

图6-8　结构方程模型分析草甸退化过程中土壤、植物、微生物群落结构和碳氮功能之间的关系

Figure 6-8 The relationship among soil，plant，structure and function of microbial communities during meadow degradation was analyzed by structural equation model

Plant community composition：植物群落结构；AGB：地上生物量；TN：总氮；NO₃-N：硝态氮；SOC：土壤有机碳；Microbial taxonomic composition：微生物分类学组成；C functional gene composition 碳循环功能基因组成；N functional gene composition 氮循环功能基因组成

的变化直接影响微生物群落结构，也通过对土壤有机质含量的直接影响对土壤微生物群落结构变化产生间接影响。地上生物量也通过间接影响微生物群落结构进一步影响碳和氮循环功能组成。硝态氮含量通过总氮含量变化间接影响土壤微生物群落结构和氮循环功能组成（图6-8）。

　　基于宏基因组数据，我们构建了另一个结构方差模型以评估亚高山草甸退化过程中植物和微生物群落对土壤养分流失的直接和间接影响，并揭示潜在的微生物学机制。采用多组模型方法评估草甸退化过程中植物群落、微生物群落（包括分类学和功能基因组成）与全氮和有机碳变化之间的潜在关系（图6-9）。该模型解释了TN含量98.5%的变异，SOC含量91.2%的变异，微生物

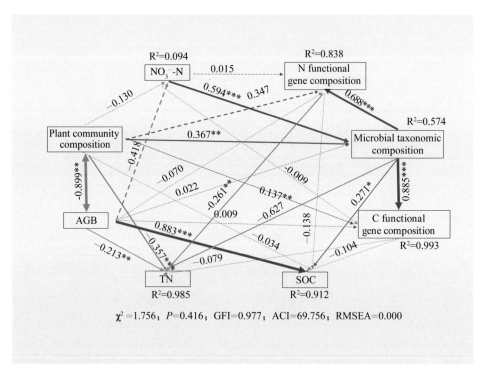

图6-9　结构方程模型分析草地退化过程中植物群落属性、微生物属性与土壤养分含量关系

Figure 6-9 Structural equation model of relationships between plant community attributes，microbial properties and soil nutrient contents

Plant community composition：植物群落结构；AGB：地上生物量；TN：总氮；NO₃-N：硝态氮；SOC：土壤有机碳；Microbial taxonomic composition：微生物分类学组成；C functional gene composition 碳循环功能基因组成；N functional gene composition 氮循环功能基因组成

分类学组成57.4%的变异，碳循环相关基因组成99.3%的变异和氮循环相关基因组成83.8%的变异（图6-9）。在亚高山草甸退化过程中，植物群落组成的变化直接且显著地影响了TN含量、微生物分类学和碳循环相关的功能基因组成（$P < 0.05$；图6-9）。植物群落结构还通过改变微生物分类学和氮循环相关的功能基因组成间接影响了TN和SOC含量。AGB的减少不直接影响微生物的分类学/功能基因组成，但直接且显著降低了TN和SOC含量，从而间接改变了微生物的组成（$P < 0.05$；图6-9）。

6.5 讨论

6.5.1 土壤微生物群落碳循环对亚高山草甸退化的响应

由于草地中土壤碳和有机质含量均随草地退化程度加剧而减少，这使得研究草地退化中土壤中碳循环过程变得尤为重要。土壤微生物碳循环过程主要分为碳降解（有机物的分解过程）、碳固定（CO_2转化成有机物的过程）和甲烷代谢等三个基本过程，具有相似功能的土壤微生物通过相关酶系的合成调控和驱动碳循环各个过程。通过KEGG对土壤微生物18种碳循环相关途径的基因分析结果表明，亚高山草甸中原核生物碳固定途径、丙酮酸代谢、乙醛酸与二羧酸代谢和柠檬酸循环（TCA循环）最为活跃（图6-2）。退化草甸中丙酮酸代谢、乙醛酸与二羧酸代谢、TCA循环和丙酸代谢相关基因的相对丰度明显升高，而甲烷代谢、磷酸戊糖途径、C5-二元酸代谢和抗坏血酸和醛酸代谢相关基因的相对丰度明显降低（图6-2和表6-1）。说明与碳相关的宏基因组代谢途径在退化和未退化草甸之间存在差异。总氮、总碳、铵态氮、土壤含水量与土壤碳循环功能微生物群落β多样性的一致性最高（图6-5），碳固定和甲烷代谢微生物群落与碳循环微生物群落类似，其β多样性的变化均与总氮、总碳、铵态氮等环境因子关系最密切（表6-5）。总碳、地上生物量和土壤含水量是碳降解微生物群落β多样性变化的最佳预测因子（表6-5）。这说明资源可用性，特别是养分的变化可能是亚高山草甸退化过程中土壤碳循环功能微生物群落响应的关键因素。

在草地生态系统中，凋落物分解是连接植物和土壤的关键过程（Cusack et

al., 2009）。凋落物不仅是有机碳的来源，还为植物和微生物的生长提供养分（Garcia-Palacios et al., 2016）。土壤中的有机碳主要来源于植物的光合固定碳，通过地上凋落物或地下根的沉积作用到达土壤，如根或死根周转释放的所有碳化合物。由于根系分泌物主要由碳基化合物组成（Bais et al., 2006），根系分泌物的产生直接影响土壤碳循环（Haichar et al., 2014）。草地退化是一种地理上广泛存在的现象，其主要原因是连续过度放牧，促进了地下碳的分配（Wilson et al., 2018）。本研究中，碳降解相关基因中，α-葡萄糖苷酶、6-磷酸-β-葡萄糖苷酶、纤维二糖磷酸化酶、几丁质酶基因丰度在退化草地中显著增加（表6-2）。这可能与长期过度放牧导致物种组成和土壤养分状况的变化密切相关。草地退化过程中，真菌为主导且以顽固性有机碳为主的食物网向以细菌为主导且以不稳定有机碳为主的食物网转变（Xun et al., 2018），相应的碳分解基因的丰度也发生了变化，顽固性有机碳分解基因丰度降低。Shen 等（2020）的研究表明，草原退化提高了内蒙古温带典型草原不同物种根系分泌速率及平均根系分泌速率，但造成根系生物量显著减少，使退化草原显著降低了根系分泌物量。同时，草原退化减少了凋落物和根系周转对土壤有机碳输入的贡献率，相反增加了根系分泌物对土壤有机碳输入的贡献率。此外，已有研究表明，CAZy基因中的AA和GH与凋落物（如木质素和腐殖质）降解密切相关（Cardenas et al., 2018）。在本研究中，GH的丰度随着亚高山草甸退化而显著增加，这支持了凋落物组成的变化可以引起凋落物分解相关基因丰度随草地退化变化的观点。

本研究在亚高山草甸中发现9条微生物碳固定途径，包括4条光合碳固定途径和5条特定原核生物碳固定途径（表6-3），其中还原性磷酸戊糖循环（卡尔文循环）和还原性柠檬酸循环在退化过程中发生了明显变化。卡尔文循环是光能自养生物和好氧化能自养生物固定CO_2的主要途径，对调节和响应全球CO_2浓度具有关键作用（刘洋荧等，2017）。卡尔文循环中的关键酶是核酮糖-1, 5-二磷酸羧化/加氧酶，即 *RubisCO* 酶，它催化卡尔文循环中的第一步 CO_2 固定反应（Berg，2011）。参与卡尔文循环的 *RubisCO* 酶主要有两种存在形式：Ⅰ型 *RubisCO* 和Ⅱ型 *RubisCO*，分别对应的功能基因为 *cbbL*（或者 *rbcL*）和 *cbbM*。还原性柠檬酸循环又称还原型三羧酸循环，是另一种重要的 CO_2 固定途径，该途径是1966年Evans提出的存在于少数光合紫色细菌和绿硫细菌自养固定CO_2的途径（袁红朝等，2011）。通过该循环而固定CO_2只是在少数光合细菌（如嗜硫代硫酸盐绿菌）中才能找到。在这一途径中，CO_2通过琥珀酰-CoA的还原性羧化作用被固定（袁红朝等，2011）。

亚高山草甸退化增加了土壤微生物碳降解的潜力。作为土壤有机碳周转的驱动者，微生物在分解有机质的同时，也可以合成稳定有机质或使有机质趋于稳定化而驱使碳固定。土壤有机碳库的大小取决于微生物降解有机碳速率（分解作用）和合成稳定碳速率（合成代谢）之间的平衡（Liang et al., 2017）。微生物分解代谢和合成代谢的强弱程度是决定土壤有机碳作为"源"和"汇"特征的重要因素（Zhu et al., 2020）。大多数新鲜有机质输入来自植物，即地上的凋落物，然后被微生物群落利用，产生二氧化碳和分解中间产物（Li et al., 2018）。通过本研究发现亚高山草甸退化过程中碳降解相关基因的丰度增加，这支持了我们提出的第二个假设（图6-1）。随着亚高山草甸退化，难降解碳（纤维素和几丁质）分解的相关基因丰度增加（图6-3），表明在草甸退化条件下土壤微生物增强了难分解有机碳的分解能力。这种增强可能是因为亚高山草甸退化减少了凋落物和根系碳对土壤的输入，导致微生物降解顽固的碳功能基因的丰度增加，促进了有机碳的分解，维持了植物生长的养分有效性。随着草地退化的加剧，土壤微生物在初步同化不稳定碳库后，可以利用不稳定碳库适应"碳饥饿"（Chen et al., 2018）。微生物对顽固性碳库的利用可能会大大加速土壤碳的损失，因为复杂结构大分子的分解可能会增加微生物对受保护的凋落物和有机质的可及性（Chen et al., 2020a）。例如在微生物利用之前，通过酶解聚能够释放被木质素所包裹的含碳化合物。这些过程将加速凋落物和有机质的降解，导致土壤碳的进一步流失。总体来说，亚高山草甸退化降低了土壤有机碳含量，这可能对土壤养分、碳储量和大气CO_2浓度产生严重影响，并可能促进土壤碳汇向碳源的转化。

6.5.2 土壤微生物群落氮循环对亚高山草甸退化的响应

氮通常被认为是限制草地生态系统生产力的主要因素之一（Zhou et al., 2017）。氮循环微生物丰度的变化表明整个氮循环潜在功能的变化。例如，氨氧化细菌（AOB）和亚硝酸盐氧化细菌（NOB）都增加30%，表明硝化细菌有增加的趋势。随着草地退化的加剧，如果特定氮循环相关功能基因的丰度降低，这表明，由于可用底物和能量越来越稀少，代谢活性普遍下降，反之亦然（Stone et al., 2015；Hoehler and Jørgensen，2013）。氮主要通过生物固定进入陆地自然生态系统。这一过程是由细菌完成的，据估计，它们承担着自然生态系统中超过95%的氮输入（Fan et al., 2019）。在不同退化程度草地土壤中，α变形菌纲中的大豆根瘤菌属（*Bradyrhizobium*）、固氮螺菌属（*Azospirillum*）和葡糖醋杆菌属（*Gluconacetobacter*），β变形菌纲中的伯克霍尔德菌属（*Burkholderia*）以及δ变形菌纲中的厌氧黏细菌属（*Anaeromyxobacter*）和地杆菌属（*Geobacter*）均观察到固氮基因的存在（Kuypers et al., 2018；Fan et al., 2019）。

在本研究中，固氮基因（*nifD*、*nifH*和*nifK*）的丰度随着亚高山草甸的退化而显著上升（图6-4），这与Yang等（2013）在西藏高寒草地的研究结果一致，但与Ding等（2014）在内蒙古草原的研究结果相反。这种差异可能是由于黄土高原亚高山草甸草地和青藏高原高寒草甸草地都属于高寒草甸，植物组成、土壤和气候相似，而和内蒙古典型草原的生态环境相比差异比较大。大量研究表明，固氮微生物群落的结构和组成受土地利用、施肥制度、土壤性质（如pH、SOC、TN）等因素的影响（Orr et al., 2011；Mirza et al., 2013；Han et al., 2019；Chen et al., 2020）。长期施用氮肥降低了土壤固氮微生物的竞争力，在缺氮土壤中，固氮微生物具有较大的竞争优势（Han et al., 2019；Chen et al., 2020）。本研究结果表明，草地退化引起的氮素含量降低，可能增强了固氮微生物与其他土壤微生物的竞争关系，最终增加了固氮微生物的丰度。

亚高山草甸退化增加了土壤的硝化和反硝化潜力。氨氧化细菌（AOB）、古细菌（AOA）和亚硝酸盐氧化细菌（NOB）是参与硝化作用的主要微生物。氨单加氧酶（AMO，编码基因*amoC*、*amoA*和*amoB*）和羟胺氧化还原酶（HAO，编码基因*hao*）是参与硝化作用的主要酶。我们的研究结果显示，退化草甸中硝化相关基因（*pmoA/amoA*、*pmoB/amoB*、*pmoC/amoC*和*hao*）的相对丰度高于未退化草甸（图6-4），这与用定量PCR方法在其他草地土壤中的发现一致（Che et al., 2017；Pan et al., 2018；Luo et al., 2020）。草地退化增强了硝化微生物的功能潜力，可能对退化草地的硝酸盐积累起重要作用。

我们的研究结果表明，退化草甸中 *nirK*、*nirS*、*norB* 和 *norC* 的相对丰度高于未退化草甸（图6-4），表明退化亚高山草甸中反硝化过程的功能潜力增加。这可能使退化草甸中的微生物难以获得土壤无机氮养分，更多的无机氮形成气态氮，如 NH_3、N_2、NO 和 NO_2，从土壤中挥发（Geisseler et al., 2010；Zhong et al., 2013）。有趣的是，LD和MD草甸中 *nosZ* 的相对丰度高于未退化草甸，但HD草甸中的 *nosZ* 相对丰度显著低于未退化草甸，表明严重退化草甸中可能有更多的 NO_2 无法转化为 N_2（Zhang et al., 2013）。随着亚高山草甸退化程度加剧，大多数氮还原（同化和异化硝酸盐还原）基因的相对丰度降低（图6-4）。这可能与氮还原底物（NO_3^--N）的可利用性降低有关，因为反硝化作用对相同底物的利用可能更具竞争力（Kuypers et al., 2018）。另一方面，固氮和氨化过程产生的 NH_3 和 NH_4^+-N抑制了氮还原，导致相关基因丰度降低（Kuypers et al., 2018；Yan et al., 2020）。因此，氮还原势的降低可能会降低退化草甸硝态氮向铵态氮的转化率，导致氮素淋失。总的来说，我们的研究结果证实了第三个假设，即草甸退化增加了土壤氮反硝化和硝化潜力，降低了氮还原潜力，这进一步暗示了氮的损失可能是通过淋失 NO_3^- 和反硝化作用生成 N_2O 或 N_2（Ribbons et al., 2016）。

6.5.3 亚高山草地退化过程中土壤养分驱动土壤微生物群落碳氮循环

土壤地球化学变量对微生物群落形成发挥着重要作用。例如，放牧造成的裸地斑块会导致土壤有机质因风蚀而流失（Kölbl et al., 2011），进而影响微生物生物量和活性（Holt, 1997）。本研究中，微生物碳循环功能结构与总氮（$R^2 = 0.93$，$P < 0.001$）、总碳（$R^2 = 0.75$，$P < 0.001$）、铵态氮（$R^2 = 0.73$，$P < 0.001$）和土壤含水量（$R^2 = 0.53$，$P < 0.01$）呈显著正相关（图6-5）。总氮（$R^2 = 0.87$，$P < 0.001$）、铵态氮（$R^2 = 0.67$，$P < 0.01$）、总碳（$R^2 = 0.67$，$P < 0.01$）和硝态氮（$R^2 = 0.40$，$P < 0.05$）是氮循环功能结构变化的最佳预测因子（图6-6）。说明亚高山草甸退化过程中，土壤养分的变化（如总碳、总氮等）对土壤碳氮循环微生物群落的影响最大，碳氮功能基因的变化可能是

受土壤性质的影响，而碳氮功能的变化可能会影响养分循环过程。因此，我们推测随着草地退化程度的加剧，草地生产力也表现为下降趋势。五台山亚高山草地植被地上生物量随草地退化均表现出强烈下降趋势，土壤养分含量出现极大的变异性，随退化程度的加剧而显著下降，是影响土壤微生物群落动态的重要因素（侯扶江等，2002）。草地退化过程中，过度放牧对土壤氮循环有重要影响（Yang et al., 2013），其受动物粪便氮返回、动物踩踏对土壤容重的压实、氮输入率和凋落物堆积质量的变化等因素的影响（Roux et al., 2003）。因此，土壤氮循环可能因放牧强度/制度、草地类型和生境条件而变化。在进行氮施肥或刈割后，也可以刺激反硝化作用（Roux et al., 2003；Monaghan and Barraclough，1993），但在某些条件下（如过度放牧），反硝化作用也可以保持不变甚至受到抑制（Groffman et al., 1993）。我们的研究结果表明，草地退化增加了土壤氮矿化潜力，这与一般观察结果一致（Roux et al., 2003）。氮循环的主要途径发生变化可能影响铵态氮和硝态氮之间的平衡，从而影响氮固存，这种变化也会影响到 N_2O 的排放。因此，在退化亚高山草甸中，土壤养分和植被随退化强度的变化而逐渐变化，因而对氮的有效性等生长限制因子有不同的要求。反过来，这些需求的波动会影响微生物群落，尤其是那些参与氮循环的微生物群落。

6.5.4 植物参数与土壤养分决定了土壤微生物群落的结构和潜在功能

本研究利用扩增子高通量和宏基因组测序分析了不同退化程度草甸之间土壤微生物群落的结构、组成和多样性，以及微生物潜在功能，都显示出在不同退化程度草甸之间的差异性。结构方程模型分析结果显示，草甸退化过程中植物的群落组成和地上生物量发生了显著变化，直接或者通过土壤理化性质间接影响土壤微生物群落结构和功能（图6-7和图6-8）。这与 Li 等（2016）人在青藏高原高寒草甸的研究结果类似。草甸退化导致地上和地下生物量的减少，减少了凋落物和根系碳的输入（Zhang et al., 2011；He and Richards，2015），从而影响了微生物底物有效性，降低了微生物丰度，抑制了土壤微生物活性（Fierer，2017）。此外，植物群落组成的变化会显著影响与植物密切相关的植物病原体和植物共生微生物（Zhang et al., 2018）。微生物依赖的土壤环境明显改变，导致土壤微生物群落组成、多样性以及功能群体发生变化，土壤酶活性也随之变化，导致土壤微生物代谢能力产生差异，物质和能量流动发生变化（Lamb et al., 2011）。

近年来，大量的研究证实地上生态系统和地下生态系统建立了紧密的联系。植物因子与土壤因子密切相关，且细小的变化也可能会对土壤微生物群落结构和功能产生重大影响（Lamb et al., 2011）。然而，土壤微生物在演替过程中具有很大的可塑性。土壤微生物群落既受地上植物群落的限制，也受到土壤属性的制约，从而使微生物群落在长期演替过程中产生一系列适应机制（如休眠、功能冗余等），使植物 - 土壤 - 微生物三者之间关系即紧密又没有明显的规律。

6.5.5 亚高山草甸退化过程中土壤碳和氮流失的潜在生物学机制

近年来，草地退化对土壤碳和氮含量的影响引起了广泛关注（Che et al., 2017；Zhang et al., 2011；Zhou et al., 2019）。土壤碳和氮循环主要是由土壤微生物功能群落与其环境之间的相互作用介导的（Ribbons et al., 2016；Zhang et al., 2011）。研究结果表明，在亚高山草甸退化过程中，微生物介导的碳和氮循环以及碳降解与土壤养分（TN、SOC、TC、NH_4^+ -N 等）和植被参数（地上生物量、植物盖度等）显著相关。这些结果表明，亚高山草甸退化过程中土壤养分的变化对碳氮循环功能微生物群落有重要影响。反过来，这些微生物群落也可能影响土壤养分的储存和流失。我们的研究结果进一步证实了在亚高山草地退化过程中植物和微生物群落的变化会单独或交互地改变碳和氮的循环（图6-9）。许多研究证实（Eriksen et al., 2004；Zhang et al., 2011），植物群落组成和多样性的变化影响着生态系统的进程，多样性降低与植物产量降低、氮素吸收减少以及土壤氮素淋失的增加有关。退化引起地上生物量变化可能是由于两个原因：土壤肥力的丧失和生态系统稳定性的降低。这两种原因都有降低植物盖度和抑制植物盖度恢复的趋势。这最终导致地上生物量随着草地退化而持续减少（Li et al., 2017）。另一方面，地上生物量的减少反过来又会促进草地退化。这种负反馈效应将迅速加剧草地退化（Liu et al., 2021）。

反过来，地下微生物群落的组成和结构对植物群落动态和生态系统功能也有重要影响（Bardgett and van der Putten，2014）。这些联系的核心是地上和地下凋落物输入、根系分泌物模式以及根系和土壤微生物之间的直接相互作用（Vries et al.，2015）。由于多种原因，退化草地的固碳能力下降（Che et al.，2017；Zhang et al.，2011；Zhou et al.，2019）：（1）植物覆盖度的降低使地上生物量的生产潜力下降；（2）土壤压实抑制草的生长；和（3）微生物的迁移加速了土壤中碳的消耗。土壤微生物在土壤氮循环和土壤速效氮调节中发挥着关键作用，特别是两个关键过程（硝化和反硝化）（Scarlett et al.，2021）。自养硝化的关键过程和速率限制步骤是氨氧化菌（AOB）和古菌（AOA）驱动 NH_4^+ -N 氧化为 NO_2^- -N（Che et al.，2017）。在本研究中，通过强化微生物硝化作用可产生更多的 NO_2^- -N，然后氧化为 NO_3^- -N，导致退化草甸生态系统通过淋溶和/或反硝化净损失氮。

微生物功能基因可以反映土壤养分循环活性，因为它们编码了参与物质循环的各种酶。然而，这些微生物功能基因的丰度并不直接等同于实际功能，而仅仅表示潜在功能。将微生物功能群落的变化直接与生态过程和功能联系起来仍然是一项重大挑战，特别是在复杂的自然环境中（Hall et al.，2018）。仅通过 DNA 分析很难阐明微生物在生物地球化学循环中的作用机制和生态功能。宏转录组学（RNA 水平）和宏蛋白质组学（蛋白质水平）技术对微生物群落的表达活性和生态功能提供了更全面和系统的理解（Jansson and Hofmockel，2018）。因此，多组学（宏基因组学、宏转录组学和宏蛋白质组学）和稳定同位素示踪技术可以在未来的研究中阐明亚高山草甸生态过程中关键功能基团的组成、相互作用机制和生态功能。

6.6 小结

（1）亚高山退化草甸中丙酮酸代谢、乙醛酸与二羧酸代谢、TCA 循环和丙酸代谢相关基因的相对丰度明显升高，而甲烷代谢、磷酸戊糖途径、C5- 二元酸代谢和抗坏血酸和醛酸代谢相关基因的相对丰度明显降低，碳相关的宏基因组代谢途径在退化和未退化草甸之间存在差异。微生物碳循环功能结构与总氮、总碳、铵态氮和土壤含水量呈显著正相关。

（2）亚高山草甸退化增加了土壤微生物碳降解的潜力。碳降解相关基因中，α-葡萄糖苷酶、6-磷酸-β-葡萄糖苷酶、纤维二糖磷酸化酶、几丁质酶基因丰度在退化草地中显著增加。

（3）亚高山草甸退化增加了土壤氮反硝化和硝化潜力，降低了氮还原潜力。氮循环相关基因中，退化草甸的固氮基因（*nifD*、*nifH* 和 *nifK*）的相对丰度显著高于未退化草甸，而同化硝态氮还原相关基因（*narB* 和 *nirA*）的丰度普遍低于未退化草甸。在所有退化草甸中，反硝化基因（*nirK*、*nirS*、*norB* 和 *norC*）和硝化基因（*pmoA* / *amoA*、*pmoB* / *amoB*、*pmoC* / *amoC* 和 *hao*）的丰度较高。总氮、铵态氮、总碳和硝态氮是微生物氮循环功能结构变化的最佳预测因子。

（4）草甸退化过程中植物的群落组成和地上生物量发生了显著变化，直接或者通过土壤理化性质间接影响土壤微生物群落结构和功能。亚高山草甸退化过程中土壤养分的变化对碳氮循环功能微生物群落有重要影响。反过来，这些微生物群落也可能影响土壤养分的储存和流失。退化改变了土壤微生物的代谢途径，增加了有机碳的分解和反硝化潜能，可能加剧土壤C和N的流失，导致草甸更加贫瘠。虽然还不清楚这些结论是否可以应用于其他亚高山草甸，但这项工作代表着在充分理解草地退化导致的微生物功能潜力变化方面迈出了重要的一步。

7. 结论与展望

五台山是华北地区最高峰，五台山高海拔地区广泛分布的亚高山草甸，面积达106 993hm²，是华北地区重要的绿色生态屏障，发挥着水土保持、水源涵养、气候调节、生物多样性维持等重要生态功能。长期以来，在过度放牧等人为干扰和气候变化等多重因素影响下，五台山亚高山草甸面临严重的退化问题，草地植被演替过程加剧，生物多样性下降，植被生产力下降，水土流失加剧，导致生态系统功能的衰退和恢复能力的减弱。土壤微生物群落的结构和功能被认为是草地退化的关键指标，却很少被关注。因此，通过分析五台山亚高山草甸土壤微生物群落结构特征、多样性变化及驱动机制，探讨微生物介导的碳氮循环对草地退化的响应及其与土壤养分流失的关系；揭示亚高山草甸退化过程中植被-土壤-微生物交互适应机制。研究结果为亚高山草甸保护和生态修复提供了重要的数据支撑和理论依据。

7.1 主要结论

（1）土壤微生物群落结构和功能对亚高山草甸退化的响应

五台山亚高山草甸退化导致了土壤养分、植物和微生物群落的结构、组成和多样性发生了显著变化。土壤真菌群落α多样性随着草地退化程度加剧而显著降低，而土壤细菌群落的α多样性（物种丰富度和香农-威纳指数）没有明显变化。土壤细菌和真菌群落α多样性对植物α多样性的变化响应不一致，但植物β多样性与细菌和真菌群落β多样性之间均存在显著相关性，具有强耦合性。土壤细菌群落结构的变化与总氮、硝态氮、植物香农-威纳指数、植物盖度和土壤容重有显著的相关性，而真菌群落与土壤含水量、总氮、植物丰富度和铵态氮（NH_4^+-N）显著相关。宏基因组测序数据结果表明，五台山亚高山草甸退化过程中土壤微生物群落分类学和功能的组成、多样性和结构变化均有明显变化。Mantel 分析发现土壤理化因子对微生物分类学和功能组成均具有显著影响，且对微生物功能组成的影响大于对微生物分类学组成的影响。植物群落直接对土壤微生物群落分类学和功能组成产生显著影响，且植物群落对微生物群落功能组成的影响大于物种组成。总氮、pH 和土壤有机质含量对微生物群落分类和功能基因组成均有显著影响。亚高山草甸的退化显著改变了土壤微生物群落能量代谢和营养循环代谢的潜能。退化草甸中参与碳代谢、氨基酸生物合成、丙酮酸代谢、柠檬酸循环、丙酸代谢、丁酸代谢和脂肪酸代谢功能基因的相对丰度显著高于未退化草甸，而退化草甸中磷酸戊糖途径、精氨酸和脯氨酸代谢、有机含硒化合物代谢、酪氨酸代谢相关功能基因的相对丰度显著低于未退化草甸。草地草甸提高了糖苷水解酶、糖基转移酶、碳水化合物结合模块和多糖裂合酶编码基因的丰度。

（2）亚高山草甸退化对土壤微生物群落分子生态学网络结构的影响

不同退化程度亚高山草甸土壤微生物（细菌、真菌和细菌-真菌）分子生态网络拓扑属性存在差异。草地退化增加了土壤细菌和真菌群落内和群落间的相互作用，导致其网络结构更为复杂。未退化草甸具有较长的平均路径距离和较高的模块性，使其比退化草甸土壤微生物网络更能抵抗外界环境的变化，在应对人为干扰或者气候变化时可能具有更高的稳定性。而退化草地中的土壤微生物与之相反，尽管网络结构变得更加复杂，但是退化草地土壤微生物网络具有平均路径短和模块性小等网络特性，网络结构稳定较低。土壤含水量、pH、总氮和铵态氮在决定亚高山草甸退化过程中土壤微生物群落的网络互作关系方面起到重要作用。

（3）土壤微生物群落介导的碳氮循环功能对亚高山草地退化的响应

通过 KEGG 对土壤微生物 18 种碳循环相关途径的基因分析结果表明，亚高山草甸中原核生物中碳固定途径、丙酮酸代谢、乙醛酸与二羧酸代谢和柠檬酸循环（TCA 循环）最为活跃。退化草甸中丙酮酸代谢、乙醛酸与二羧酸代谢、TCA 循环和丙酸代谢相关基因的相对丰度明显升高，而甲烷代谢、磷酸戊糖途径、C5-二元酸代谢和抗坏血酸和醛酸代谢相关基因的相对丰度明显降低，碳相关的宏基因组代谢途径在退化和未退化草甸之间存在差异。微生物碳循环功能结构与总氮、总碳、铵态氮和土壤含水量呈显著正相关。碳固定和甲烷代谢微生物群落结构变化与总氮、总碳、铵态氮等环境因子关系最密切。总碳、地上生物量和土壤含水量是碳降解微生物群落结构变化的最佳预测因子。养分的变化是亚高山草甸退化过程中土壤碳循环功能微生物群落响应的关键因素。亚高山草甸中发现9条微生物的碳固定途径，4条光合碳固定途径和5条特定原核生物碳固定途径，其中还原性磷酸戊糖循环（卡尔文循环）和还原性柠檬酸循环在草甸退化过程中发生了明显变化。

在氮循环相关基因中，退化草甸的固氮基因（*nifD*、*nifH*和*nifK*）的相对丰度显著高于未退化草甸，而与同化硝态氮还原相关基因（*narB*和*nirA*）的丰度普遍低于未退化草甸。在所有退化草甸中，反硝化基因（*nirK*、*nirS*、*norB*和*norC*）和硝化基因（*pmoA／amoA*、*pmoB／amoB*、*pmoC／amoC*和*hao*）的丰度较高，而*nosZ*基因的丰度表现出不一样的结果，没有明显的变化趋势。与异化性硝酸盐还原相关的基因（*nirB*、*nirD*、*nrfA*和*nrfH*）变化结果也不一致，退化草甸的*nirB*丰度高于未退化草甸，退化草甸的*nirD*丰度普遍低于未退化草甸，而*nrfA*和*nrfH*没有明显的变化规律。总氮、铵态氮、总碳和硝态氮是氮循环功能结构变化的最佳预测因子。

（4）亚高山草甸退化过程中"植被-土壤-微生物"的交互适应机制

亚高山草甸退化过程中植物群落组成和地上生物量发生了显著变化，结构方差模型结果显示，植物群落组成的变化对土壤细菌和真菌群落组成产生显著直接影响，通过影响总氮和硝态氮含量分别对细菌群落和真菌群落结构产生间接影响。地上生物量通过调节土壤含水量和总氮含量间接影响细菌群落组成以及调节硝态氮含量间接影响真菌群落结构。总之，地上生物量的变化直接影响整个微生物群落结构，也通过调节土壤有机质含量对土壤微生物群落结构变化产生间接影响。在亚高山草甸退化过程中，植物群落结构的变化可以直接而显著地影响总氮含量、微生物分类组成和碳循环功能基因组成，还可以通过改变微生物分类和氮循环功能基因组成间接影响总氮和土壤有机碳的含量。地上生物量的减少不直接影响微生物的功能组成，但直接显著降低了总氮和土壤有机碳的含量，从而间接改变了微生物群落结构以及碳和氮循环功能。

亚高山草甸退化过程中土壤养分的变化对碳氮循环功能微生物群落有重要影响。反过来，这些微生物群落也可能影响土壤养分的储存和流失。退化改变了土壤微生物的代谢途径，增加了有机碳的分解和反硝化潜能，可能加剧土壤碳氮的流失，导致草甸更加贫瘠。

7.2 研究展望

（1）本研究中运用宏基因组测序，以各种关键功能种群的相关功能基因作为分子标记，分析亚高山草甸退化过程中土壤功能微生物种群的结构和多样性，并与草地生态系统功能进行联系。然而，将微生物群落变化直接与生态系统功能联系起来是一项重大挑战，尤其是在复杂的自然环境中，仅从 DNA 水平对土壤功能微生物种群进行分析，通常很难全面和深入阐明微生物在生物地球化学循环过程中的作用机制和生态功能。而来源于转录组学和蛋白组学等不同水平的信息，能够更好地阐明功能微生物的表达活性和生态过程。因此，今后的研究可以综合分析基因组学、转录组学和蛋白组学等不同水平之间的内在联系，对亚高山草甸土壤生态过程中关键功能种群的组成、作用机制与生态功能进行全面深入的阐述。

（2）微生物在调控草地土壤碳循环中发挥着关键作用，越来越多的研究表明微生物残留物是土壤稳定性有机碳库的重要成分，且作为稳定性碳源和中间过渡态养分库对土壤有机质形成具有重要贡献。然而，对于草地退化对土壤微生物残体碳以及土壤有机碳贡献的影响仍缺乏了解。因此，未来采用微生物标识物和分子生物学技术，从微生物残体和微生物特性的角度，阐明亚高山草甸退化过程中土壤有机碳固存的变化及微生物机制，对于建立科学的亚高山草甸管理和保护制度，增加碳截获潜力，实现亚高山草甸的可持续利用具有重要意义。

（3）本研究只是初步对亚高山草甸退化过程中微生物介导的氮循环进行了研究，对氮循环关键反应过程和机制尚不清楚。未来应加强亚高山草甸生态系统氮素转化关键微生物过程和机制的研究，采用同位素示踪法，并与相关观测及通量（如氨挥发、N_2O 释放、硝酸根流失等）和反应速率（如矿化速率、硝化速率、反硝化速率）研究相结合，为亚高山草甸土壤氮素的有效管理及调控提供依据。

（4）本研究得到的实验结果和结论是基于短期的观测和取样，具有一定的局限性。未来应继续依托山西大学山西亚高山草地生态系统教育部野外科学观测研究站和忻州师范学院五台山生态科研工作站进行长期监测研究，开展全球变化（增温实验、氮沉降）和人类活动（土地利用方式、放牧制度、旅游活动等）对亚高山草甸生态系统的影响，探讨亚高山草甸退化发生过程与机制、退化标准评价、退化生态系统演变、典型退化生态系统恢复重建机理和生物多样性保护等领域的科学问题。

参 考 文 献

白丽, 2019. 陕北典型流域植被恢复过程中植物 - 土壤 - 微生物特征及协同效应 [D]. 西安: 西北大学.

常虹, 孙海莲, 刘亚红, 等, 2020. 东乌珠穆沁草甸草原不同退化程度草地植物群落结构与多样性研究 [J]. 草地学报, 28(1): 187-195.

程晓莉, 安树青, 李远, 2003. 鄂尔多斯草地退化过程中个体分布格局与土壤元素异质性 [J]. 植物生态学报, 4: 73-79.

崔本义, 朱世忠, 曳红玉, 2011. 五台山植物资源 [M]. 太原: 山西科学技术出版社.

戴君虎, 潘嫄, 崔海亭, 等, 2005. 五台山高山带植被对气候变化的响应 [J]. 第四纪研究, 25(2): 216-223.

杜宝红, 高翠萍, 哈达朝鲁, 2018. 不同放牧强度对锡林郭勒典型草原生产力及碳储量的影响 [J]. 水土保持研究, 25(1): 141: 152.

冯璟, 2020. 原发性肝癌患者肠道及血液微生物的群落特征及应用初探 [D]. 太原: 山西大学.

傅声雷, 2007. 土壤生物多样性的研究概况与发展趋势 [J]. 生物多样性, 15(2): 109-115.

郭彦青, 2017. 黄土高原退耕还草区土壤微生物群落研究 [D]. 杨凌: 西北农林科技大学.

贺纪正, 陆雅海, 傅伯杰, 2015. 土壤生物学前沿 [M]. 北京: 科学出版社.

侯扶江, 南志标, 肖金玉, 等, 2002. 重牧退化草地的植被、土壤及其耦合特征 [J]. 应用生态学报, 13(8): 915-922.

侯文正, 2003. 五台山志 [M]. 太原: 山西人民出版社.

胡晓婧, 2018. 东北黑土区不同纬度农田土壤真菌分子生态网络比较 [J]. 应用生态学报, 29(11): 3802-3810.

江源, 章异平, 杨艳刚, 等, 2010. 放牧对五台山高山、亚高山草甸植被 - 土壤系统耦合的影响 [J]. 生态学报, (4): 837-846.

金志薇, 钟文辉, 吴少松, 等, 2018. 植被退化对滇西北高寒草地土壤微生物群落的影响 [J]. 微生物学报, 58(12): 2174-2185.

景天星, 2012. 世界遗产视野下的五台山地质遗产 [J]. 太原师范学院学报: 自然科学版, 11(3): 113-116.

李博, 1997. 中国北方草地退化及其防治对策 [J]. 中国农业科学, 30(6): 1-10.

李毳，景炬辉，刘晋仙，等，2018. 铜尾矿库坝面土壤微生物群落动态的驱动因子[J].环境科学，39(4): 1804-1812.

李海云，姚拓，高亚敏，等，2019. 退化高寒草地土壤真菌群落与土壤环境因子间相互关系[J].微生物学报，59(4): 678-688.

李雄飞，刘奋武，樊文华，2017. 五台山土壤水稳性团聚体有机碳分布特征[J].水土保持学报，31(4): 159-197.

厉桂香，马克明，2018. 土壤微生物多样性海拔格局研究进展[J].生态学报，38(5): 1521-1529.

林春英，李希来，张玉欣，等，2021. 黄河源区高寒沼泽湿地土壤微生物群落结构对不同退化的响应[J].环境科学，42(8): 3971-3984.

刘彬，杨万勤，吴福忠，2010. 亚高山森林生态系统过程研究进展[J].生态学报，30(16): 4476-4483.

刘晋仙，李毳，景炬辉，等，2017. 中条山十八河铜尾矿库微生物群落组成与环境适应性[J].环境科学，38(1): 318-326.

刘楠，2019. 五台山亚高山植物群落生态及水化学功能研究[M].北京：中国农业科学技术出版社.

刘兴波，格根图，孙林，等，2014. 不同退化梯度上典型草原植物群落养分的对应分析[J].生态环境学报，3: 392-397.

刘洋荧，王尚，厉舒祯，等，2017. 基于功能基因的微生物碳循环分子生态学研究进展[J].微生物学通报，44(7): 1676-1689.

刘卓艺，王晓光，魏海伟，等，2019. 氮素补给对呼伦贝尔草甸草原退化草地牧草产量和品质的影响[J].应用生态学报，9: 2992-2998.

罗正明，赫磊，刘晋仙，等，2022. 土壤真菌群落对五台山亚高山草甸退化的响应[J].环境科学，43(6): 3328-3337.

罗正明，刘晋仙，暴家兵，等，2020. 五台山亚高山土壤真菌海拔分布格局与构建机制[J].生态学报，40(19): 7009-7017.

马丽，徐满厚，周华坤，等，2018. 山西亚高山草甸植被生物量的地理空间分布[J].生态学杂志，301(8): 2244-2253.

庞晓瑜，雷静品，王奥，等，2016. 亚高山草甸植物群落对气候变化的响应[J].西北植物学报，36(8): 1678-1686.

邵伟，蔡晓布，2008. 西藏高原草地退化及其成因分析[J].中国水土保持科学，6(1): 112-116.

邵玉琴，敖晓兰，宋国宝，等，2005. 皇甫川流域退化草地和恢复草地土壤微生物生物量的研究[J].生态学杂志，24(5): 578-584.

孙飞达，青烨，朱灿，等，2016. 若尔盖高寒退化草地土壤水解酶活性和微生物群落数量特征

分析 [J]. 干旱区资源与环境, 7: 119-125.

孙倩, 吴宏亮, 陈阜, 等, 2020. 不同轮作模式下作物根际土壤养分及真菌群落组成特征 [J]. 环境科学, 41(10): 4682-4689.

田永清, 2007. 五台山地质的突出普遍价值 [J]. 五台山研究, 34(3): 39-40.

汪峰, 周集中, 孙波, 2014. 我国东部土壤氮转化微生物的功能分子生态网络结构及其对作物的响应 [J]. 科学通报, 2014, 59(4): 387-396.

王坤, 2015. 旅游活动对五台山自然保护区山地草甸植被影响的研究 [D]. 太原: 山西农业大学.

吴建平, 王思敏, 蔡慕天, 等, 2019. 植物与微生物碳利用效率及影响因子研究进展 [J]. 生态学报, 39(20): 442-450.

武锋平, 刘晓妮, 郭刚, 2012. 五台山亚高山草甸类草地历年监测分析及管理对策 [J]. 中国畜牧业, 12: 67-68.

武吉华, 张绅, 江源, 等, 2004. 植物地理学 (第四版) [M]. 北京: 高等教育出版社.

杨文玲, 杜志敏, 孙召华, 等, 2021. 芽孢杆菌在重金属污染土壤修复中的研究进展 [J]. 环境污染与防治, 43(6): 759-763.

杨媛媛, 2019. 藏东南高寒山区土壤微生物地理格局及空间分布预测 [D]. 杭州: 浙江大学.

尹亚丽, 王玉琴, 鲍根生, 等, 2017. 退化高寒草甸土壤微生物及酶活性特征 [J]. 应用生态学报, 28(12): 3881-3890.

于占湖, 2007. 大型真菌多样性及在森林生态系统中的作用 [J]. 中国林副特产, 3: 81-85.

张晶, 林先贵, 尹睿, 2009. 参与土壤氮素循环的微生物功能基因多样性研究进展 [J]. 中国生态农业学报, 17(5): 1029-1034.

章异平, 江源, 刘全儒, 等, 2008. 放牧压力下五台山高山、亚高山草甸的退化特征 [J]. 资源科学, 30(10): 1555-1563.

赵鹏宇, 2019. 山西亚高山华北落叶松林土壤微生物群落构建机制 [D]. 太原: 山西大学.

赵陟峰, 蔡飞, 李俊清, 等, 2015. 东灵山亚高山草甸退化等级与植物特征 [J]. 水土保持通报, 35(4): 324-328.

周华坤, 赵新全, 周立, 等, 2005. 青藏高原高寒草甸的植被退化与土壤退化特征研究 [J]. 草业学报, 14(3): 33-42.

朱瑞芬, 刘杰淋, 王建丽, 等, 2020. 基于分子生态学网络分析松嫩退化草地土壤微生物群落对施氮的响应 [J]. 中国农业科学, 53(13): 2637-2646.

Allison S D, Lu Y, Weihe C, et al., 2013. Microbial abundance and composition influence litter decomposition response to environmental change [J]. Ecology, 94(3): 714-725.

Allison S D, Wallenstein M D, Bradford M A, 2010. Soil-carbon response to warming dependent on microbial physiology [J]. Nature Geoscience, 3(5): 336-340.

Bach E M, Baer S G, Meyer C K, et al., 2010. Soil texture affects soil microbial and structural recovery during grassland restoration [J]. Soil Biology and Biochemistry, 42(12): 2182-2191.

Bardgett R D, Freeman C, Ostle N J, 2008. Microbial contributions to climate change through carbon cycle feedbacks[J]. The ISME Journal, 2(8): 805-814.

Bardgett R D, Bowman W D, Kaufmann R, et al., 2005. A temporal approach to linking aboveground and belowground ecology [J]. Trends in Ecology and Evolution, 20(11): 634-641.

Breidenbach A, Schleuss P M, Liu S, et al., 2022. Microbial functional changes mark irreversible course of Tibetan grassland degradation[J]. Nature Communications, 13: 2681.

Burke C, Steinberg P, Rusch D, et al., 2011. Bacterial community assembly based on functional genes rather than species[J]. Proceedings of the National Academy of Sciences of the United States of America, 108(34): 14288-14293.

Cai X B, Peng Y L, Yang M N, et al., 2014. Grassland degradation decrease the diversity of arbuscular mycorrhizal fungi species in Tibet Plateau [J]. Notulae Botanicae Horti Agrobotanici Cluj-Napoca, 42(2): 333-339.

Cantarel B L, Coutinho P M, Rancurel C, et al., 2009. The Carbohydrate-Active EnZymes database(CAZy): an expert resource for Glycogenomics [J]. Nucleic Acids Research, 37: 233-238.

Cardenas E, Kranabetter J M, Hope G, et al., 2015. Forest harvesting reduces the soil metagenomic potential for biomass decomposition [J]. The ISME Journal, 9(11): 2465-2476.

Che R X, Wang F, Wang W J, et al., 2017. Increase in ammonia-oxidizing microbe abundance during degradation of alpine meadows may lead to greater soil nitrogen loss[J]. Biogeochemistry, 136: 341-352.

Che R X, Wang Y F, Li K X, et al., 2019. Degraded patch formation significantly changed microbial community composition in alpine meadow soils[J]. Soil and Tillage Research, 195: 104426.

Chen D M, Mi J, Chu P F, et al., 2015. Patterns and drivers of soil microbial communities along a precipitation gradient on the Mongolian Plateau [J]. Landscape Ecology, 30(9): 1669-1682.

Chen J, Elsgaard L, van Groenigen K J, et al., 2020. Soil carbon loss with warming: New evidence from carbon-degrading enzymes[J]. Global Change Biology, 26: 1944-1952.

Chen J, Shi W Y, Cao J J, 2015. Effects of grazing on ecosystem CO_2 exchange in a meadow grassland on the Tibetan Plateau during the growing season [J]. Environmental Management, 55(2): 347-359.

Chen J, Zhou X H, Wang J F, et al., 2016. Grazing exclusion reduced soil respiration but increased its temperature sensitivity in a Meadow Grassland on the Tibetan Plateau [J]. Ecology and Evolution, 6(3): 675-687.

Chen W X, Wang J Y, Meng Z X, et al., 2020. Fertility-related interplay between fungal guilds underlies plant richness–productivity relationships in natural grasslands[J]. New Phytologist, 226(4): 1129-1143.

Chen Y, Jiang Y M, Huang H Y, et al., 2018. Long-term and high-concentration heavy-metal contamination strongly influences the microbiome and functional genes in Yellow River sediments[J]. Science of The Total Environment(1): 1400-1412.

Cheng Z B, Chen Y, Zhang F, 2018. Effect of reclamation of abandoned salinized farmland on soil bacterial communities in arid northwest China [J]. Science of The Total Environment, 630: 799-808.

Conant R T, Paustian K, Elliott E T, 2001. Grassland management and conversion into grassland: effects on soil carbon [J]. Ecological Applications, 11(2): 343-355.

Coyte K Z, Schluter J, Foster K R, 2015. The ecology of the microbiome: networks, competition, and stability[J]. Science, 350(6261): 663-666.

Daims H, Lebedeva E V, Pjevac P, et al., 2015. Complete nitrification by Nitrospira bacteria [J]. Nature, 528: 504-509.

Danczak R E, Johnston M D, Kenah C, et al., 2018. Microbial community cohesion mediates community turnover in unperturbed aquifers[J]. mSystems, 3(4): e00066-e00018.

De Deyn G B, Van Der Putten W H, 2005. Linking aboveground and belowground diversity[J]. Trends in Ecology and Evolution, 20(11): 625-633.

De Vries F T, Griffiths R I, Bailey M, et al., 2018. Soil bacterial networks are less stable under drought than fungal networks [J]. Nature Communications, 9: 3033.

De Vries F T, Liiri M E, Bjørnlund L, et al., 2012. Land use alters the resistance and resilience of soil food webs to drought[J]. Nature Climate Change, 2(4): 276-280.

Deng Y, Jiang Y H, Yang Y F, et al., 2012. Molecular ecological network analyses [J]. BMC Bioinformatics, 13: 113.

Ding J J, Zhang Y G, Wang M M, et al., 2015. Soil organic matter quantity and quality shape microbial community compositions of subtropical broadleaved forests [J]. Molecular Ecology, 24(20): 5175-5185.

Fanin N, Bertrand I, 2016. Aboveground litter quality is a better predictor than belowground microbial communities when estimating carbon mineralization along a land-use gradient [J]. Soil Biology and Biochemistry, 94: 48-60.

Faure D, 2002. The family-3 glycoside hydrolases: from housekeeping functions to host-microbe interactions [J]. Applied and Environmental Microbiology, 68(4): 1485-1490.

Fay P A, Blair J M, Smith M D, et al., 2011. Relative effects of precipitation variability and warming on tallgrass prairie ecosystem function [J]. Biogeosciences, 8(10): 3053-3068.

Fierer N, 2017. Embracing the unknown: disentangling the complexities of the soil microbiome [J]. Nature Reviews Microbiology, 15(10): 579-590.

Fierer N, Leff J W, Adams B J, et al., 2012. Cross-biome metagenomic analyses of soil microbial communities and their functional attributes [J]. Proceedings of the National Academy of Sciences of the United States of America, 109(52): 21390-21395.

Gaston K J, Chown S L, 2005. Neutrality and the niche [J]. Functional Ecology, 19(1): 1-6.

Gravel D, Canham C D, Beaudet M, et al., 2006. Reconciling niche and neutrality: the continuum hypothesis [J]. Ecology Letters, 9(4): 399-409.

Griffiths R I, Thomson B C, James P, et al., 2011. The bacterial biogeography of British soils [J]. Environmental Microbiology, 13(6): 1642-1654.

Guo Y Q, Chen X T, Wu Y Y, et al., 2018. Natural revegetation of a semiarid habitat alters taxonomic and functional diversity of soil microbial communities [J]. Science of The Total Environment, 635: 598-606.

Han S, Delgado-Baquerizo M, Luo X S, et al., 2021. Soil aggregate size-dependent relationships between microbial functional diversity and multifunctionality [J]. Soil Biology and Biochemistry, 154: 108143.

He J Z, Shen J P, Zhang L M, et al., 2007. Quantitative analyses of the abundance and composition of ammonia-oxidizing bacteria and ammonia-oxidizing archaea of a Chinese upland red soil under long-term fertilization practices [J]. Environmental Microbiology, 9(9): 2364-2374.

Hernandez D J, David A S, Menges E S, et al., 2021. Environmental stress destabilizes microbial networks [J]. The ISME Journal, 15(6): 1722-1734.

Hicks L, Rousk K, Rinnan R, et al., 2020. Soil microbial responses to 28 years of nutrient fertilization in a subarctic heath [J]. Ecosystems, 23(5): 1107-1119.

Hu H, Chen X J, Hou F J, et al., 2017. Bacterial and fungal community structures in Loess Plateau grasslands with different grazing intensities [J]. Frontiers in Microbiology, 8: 606.

Hu X J, Liu J J, Liang A Z, et al., 2021. Conventional and conservation tillage practices affect soil microbial co-occurrence patterns and are associated with crop yields [J]. Agriculture, Ecosystems & Environment, 319: 107534.

Huhe, Chen X J, Hou F J, et al., 2017. Bacterial and fungal community structures in loess plateau grasslands with different grazing intensities [J]. Frontiers in Microbiology, 8: 606.

Hultman J, Waldrop M P, Mackelprang R, et al., 2015. Multi-omics of permafrost, active layer and thermokarst bog soil microbiomes [J]. Nature, 521(7551): 208-212.

Jones M B, Donnelly A, 2010. Carbon sequestration in temperate grassland ecosystems and the influence of management, climate and elevated CO_2 [J]. New Phytologist, 164(3): 423-39.

Knight R, Vrbanac A, Taylor B C, et al., 2018. Best practices for analysing microbiomes [J]. Nature Reviews Microbiology, 16(7): 410-422.

Kuiper J J, van Altena C, de Ruiter P C, et al., 2015. Food-web stability signals critical transitions in temperate shallow lakes [J]. Nature Communications, 6: 7727.

Kumar V, 2010. Analysis of the key active subsites of glycoside hydrolase 13 family members [J]. Carbohydrate Research s, 345(7): 893-898.

Kuypers M M M, Marchant H K, Kartal B, 2018. The microbial nitrogen-cycling network [J]. Nature Reviews Microbiology, 16(5): 263-276.

Lai C, Li C, Peng F, et al., 2021. Plant community change mediated heterotrophic respiration increase explains soil organic carbon loss before moderate degradation of alpine meadow [J]. Land Degradation & Development, 32: 5322-5333.

Lamb E G, Kennedy N, Siciliano S D, 2011. Effects of plant species richness and evenness on soil microbial community diversity and function [J]. Plant and Soil, 338(2): 483-495.

Lampurlanes J, Cantero-Martinez C, 2003. Soil bulk density and penetration resistance under different tillage and crop management systems and their relationship with barley root growth [J]. Agronomy Journal, 95(3): 526-536.

Lauber C L, Strickland M S, Bradford M A, et al., 2008. The influence of soil properties on the structure of bacterial and fungal communities across land-use types [J]. Soil Biology and Biochemistry, 40: 2407-2415.

Leff J, Jones S, Prober S, et al., 2015. Consistent responses of soil microbial communities to elevated nutrient inputs in grasslands across the globe [J]. Proceedings of the National Academy of Sciences of the United States of America, 112(35): 10967-10972.

Li C M, Zhang D R, Xu G C, et al., 2023. Effects of alpine grassland degradation on soil microbial communities in Qilian Mountains of China. Journal of Soil Science and Plant Nutrition, 23: 912-923.

Li H, Xu Z W, Yan Q Y, et al., 2018. Soil microbial beta-diversity is linked with compositional variation in aboveground plant biomass in a semi-arid grassland [J]. Plant and Soil, 423(1): 465-480.

Li Y M, Wang S P, Jiang L L, et al., 2016. Changes of soil microbial community under different degraded gradients of alpine meadow [J]. Agriculture Ecosystems and Environment, 222: 213-

222.

Liu D, Liu G H, Chen L L, et al., 2018. Soil pH determines fungal diversity along an elevation gradient in Southwestern China[J]. Science China. Life sciences, 61(6): 718-726.

Liu Y X, Qin Y, Chen T, et al., 2020. A practical guide to amplicon and metagenomic analysis of microbiome data [J]. Protein and Cell, 12: 1-14.

Llado S, Lopez-Mondejar R, Baldrian P, 2017. Forest soil bacteria: diversity, involvement in ecosystem processes, and response to global change [J]. Microbiology and Molecular Biology Reviews, 81(2): e00063-16.

Logares R, Lindstrom E S, Langenheder S, et al., 2013. Biogeography of bacterial communities exposed to progressive long-term environmental change [J]. The ISME Journal, 7(5): 937-948.

Luo Z M, Liu J X, He L, et al., 2022. Degradation-induced microbiome alterations may aggravate soil nutrient loss in subalpine meadows [J]. Land Degradation & Development, 33(15): 2699-2712.

Luo Z M, Liu J X, Jia T, et al., 2020. Soil bacterial community response and nitrogen cycling variations associated with subalpine meadow degradation on the loess plateau, China [J]. Applied and Environmental Microbiology, 86(9): e00180-e00120.

MacArthur R, 1955. Fluctuations of animal populations and a measure of community stability [J]. Ecology, 36(3): 533.

Mapperson R R, Kotiw M, Davis R A, et al., 2014. The diversity and antimicrobial activity of *Preussia sp* [J]. Current Microbiology, 68(1): 30-37.

Martiny J B, Jones S E, Lennon J T, et al., 2015. Microbiomes in light of traits: A phylogenetic perspective [J]. Science, 350(6261): aac9323-aac9323.

Mcguire K L, Bent E, Borneman J, et al., 2010. Functional diversity in resource use by fungi [J]. Ecology, 91(8): 2324-2332.

Micallef S A, Shiaris M-C A, 2009. Influence of Arabidopsis thaliana accessions on rhizobacterial communities and natural variation in root exudates [J]. Journal of Experimental Botany, 60(6): 1729-1742.

Miki T, Ushio M, Fukui S, et al., 2010. Functional diversity of microbial decomposers facilitates plant coexistence in a plant-microbe-soil feedback model [J]. Proceedings of the National Academy of Sciences, 107(32): 14251.

Millard P, Singh B, 2010. Does grassland vegetation drive soil microbial diversity? [J]. Nutrient Cycling in Agroecosystems, 88(2): 147-158.

Navarrete A A, Tsai S M, Mendes L W, et al., 2015. Soil microbiome responses to the short-term effects of Amazonian deforestation [J]. Molecular Ecology, 24(10): 2433-2448.

Oksana C, De Deyn G B, van der Ploeg M, 2022. Soil microbiota as game-changers in restoration of degraded lands [J]. Science, 375(6584): abe0725.

Olff H, Hoorens B, De Goede R G M, et al., 2000. Small-scale shifting mosaics of two dominant grassland species: the possible role of soil-borne pathogens [J]. Oecologia, 125(1): 45-54.

Pan H, Liu H Y, Liu Y W, et al., 2018. Understanding the relationships between grazing intensity and the distribution of nitrifying communities in grassland soils [J]. Science of The Total Environment, 634: 1157-1164.

Pankratov T A, Ivanova A O, Dedysh S N, et al., 2011. Bacterial populations and environmental factors controlling cellulose degradation in an acidic Sphagnum peat [J]. Environmental Microbiology, 13(7): 1800-1814.

Paredes S H, Lebeis S L, 2016. Giving back to the community: Microbial mechanisms of plant-soil interactions [J]. Functional Ecology, 30(7): 1043-1052.

Patureau D, Zumstein E, Delgenes J P, et al., 2000. Aerobic denitrifiers isolated from diverse natural and managed ecosystems [J]. Microbial Ecology, 39(2): 145-152.

Paungfoo-Lonhienne C, Yeoh Y K, Kasinadhuni N R, et al., 2015. Nitrogen fertilizer dose alters fungal communities in sugarcane soil and rhizosphere [J]. Scientific Report, 5(1): 8678.

Philippot L, Andersson S G, Battin T J, et al., 2010. The ecological coherence of high bacterial taxonomic ranks [J]. Nature Reviews Microbiology, 8(7): 523-529.

Pietri J C, Brookes P C. 2009. Substrate inputs and pH as factors controlling microbial biomass, activity and community structure in an arable soil [J]. Soil Biology and Biochemistry, 41: 1396-1405.

Poll C, Brune T, Begerow D, et al., 2010. Small-scale diversity and succession of fungi in the detritusphere of rye residues[J]. Microbial Ecology, 59(1): 130-140.

Prober S M, Leff J W, Bates S T, et al., 2015. Plant diversity predicts beta but not alpha diversity of soil microbes across grasslands worldwide [J]. Ecology Letters, 18(1): 85-95.

Prosser J I, Head I M, Stein L Y, 2014. The Family Nitrosomonadaceae [M]. Heidelberg: Springer.

Quaiser A, Ochsenreiter T, Lanz C, et al., 2003. Acidobacteria form a coherent but highly diverse group within the bacterial domain: evidence from environmental genomics [J]. Molecular Microbiology, 50(2): 563-575.

Ramirez K S, Craine J M, Fierer N, 2012. Consistent effects of nitrogen amendments on soil microbial communities and processes across biomes [J]. Global Change Biology, 18(6): 1918-1927.

Ramirez K S, Lauber C L, Knight R, et al., 2010. Consistent effects of nitrogen fertilization on soil bacterial communities in contrasting systems [J]. Ecology, 91(12): 3463-3470.

Rooney N, McCann K, Gellner G, et al., 2006. Structural asymmetry and the stability of diverse food webs [J]. Nature, 442(7100): 265-269.

Saikkonen K, Wali P R, Helander M, 2010. Genetic compatibility determines endophyte-grass combinations [J]. PLoS One, 5(6): e11395.

Sariyildiz T, Anderson J M, 2003. Interactions between litter quality, decomposition and soil fertility: a laboratory study [J]. Soil Biology and Biochemistry, 35(3): 391-399.

Scurlock J M O, 2010. The global carbon sink: a grassland perspective [J]. Global Change Biology, 4(2): 229-233.

Shen C, Xiong J, Zhang H, et al., 2013. Soil pH drives the spatial distribution of bacterial communities along elevation on Changbai Mountain [J]. Soil Biology and Biochemistry, 57: 204-211.

Soininen J, 2012. Macroecology of unicellular organisms-patterns and processes [J]. Environmental Microbiology Reports, 4(1): 10-22.

Srivastava S, Kumar R, Gupta G N, et al., 2014. First report of Cephaliophora irregularis associated with the deterioration of Jatropha curcas L. seeds [J]. Journal of Mycopathological Research, 52(1): 153-154.

Steenwerth K L, Jackson L E, Calderón F J, et al., 2005. Response of microbial community composition and activity in agricultural and grassland soils after a simulated rainfall [J]. Soil Biology and Biochemistry, 37(12): 2249-2262.

Stouffer D B, Bascompte J, 2011. Compartmentalization increases food-web persistence[J]. PNAS, 108(9): 3648-3652.

Tan L, Zeng W A, Xiao Y S, et al., 2021. Fungi-bacteria associations in wilt diseased rhizosphere and endosphere by interdomain ecological network analysis[J]. Frontiers in Microbiology, 12: 722626.

Van Kessel M A H J, Speth D R, Albertsen M, et al., 2015. Complete nitrification by a single microorganism [J]. Nature, 528: 555-559.

Verbaendert I, Boon N, Vos P D, et al., 2011. Denitrification is a common feature among members of the genus Bacillus [J]. Systematic and Applied Microbiology, 34(5): 385-391.

Wallenstein M D, Mcmahon S, Schimel J, 2007. Bacterial and fungal community structure in Arctic tundra tussock and shrub soils [J]. FEMS Microbiology Ecology, 59(2): 428-435.

Wang C T, Long R J, Wang Q L, et al., 2009. Changes in plant diversity, biomass and soil C, in

alpine meadows at different degradation stages in the headwater region of three rivers, China [J].
Land Degradation & Development, 20(2): 187-198.

Wang W, Fang J Y, 2009. Soil respiration and human effects on global grasslands [J]. Global and
Planetary Change, 67(1): 20-28.

Wang X X, Dong S K, Yang B, et al., 2014. The effects of grassland degradation on plant
diversity, primary productivity, and soil fertility in the alpine region of Asia's headwaters [J].
Environmental Monitoring and Assessment, 186(10): 6903-6917.

Wardle D A, 2006. The influence of biotic interactions on soil biodiversity [J]. Ecology Letters,
9(7): 870-886.

Weiss M, Sýkorová Z, Garnica S, et al., 2011. Sebacinales everywhere: previously overlooked
ubiquitous fungal endophytes [J]. PloS One, 6(2): e16793.

Whitman T, Neurath R, Perera A, et al., 2018. Microbial community assembly differs across
minerals in a rhizosphere microcosm [J]. Environmental Microbiology, 20(12): 4444-4460.

Wu G L, Ren G, Dong Q M, et al., 2014. Above- and belowground response along degradation
gradient in an alpine grassland of the Qinghai-Tibetan Plateau [J]. CLEAN-Soil, Air, Water,
42(3): 319-323.

Xu Z W, Yu G R, Zhang X Y, et al., 2015. The variations in soil microbial communities, enzyme
activities and their relationships with soil organic matter decomposition along the northern slope
of Changbai Mountain [J]. Applied Soil Ecology, 86: 19-29.

Xun W B, Yan R, Ren Y, et al., 2018. Grazing-induced microbiome alterations drive soil organic
carbon turnover and productivity in meadow steppe[J]. Microbiome, 6(1): 170.

Yang K N, Luo S W, Hu L G, et al., 2020. Responses of soil ammonia-oxidizing bacteria and
archaea diversity to N, P and NP fertilization: Relationships with soil environmental variables
and plant community diversity [J]. Soil Biology and Biochemistry, 145: 107795.

Yang Y F, Wu L W, Lin Q Y, et al., 2013. Responses of the functional structure of soil microbial
community to livestock grazing in the Tibetan alpine grassland [J]. Global Change Biology,
19(2): 637-648.

Yang Y, Dou Y, Huang Y, et al., 2017. Links between soil fungal diversity and plant and soil
properties on the Loess Plateau [J]. Frontiers in Microbiology, 8: 2198.

Yao M J, Rui J P, Niu H S, et al., 2017. The differentiation of soil bacterial communities along a
precipitation and temperature gradient in the eastern Inner Mongolia steppe [J]. Catena, 152: 47-
56.

Yergeau E., Kang S., He Z. L., et al., 2007. Functional microarray analysis of nitrogen and carbon cycling genes across an Antarctic latitudinal transect[J]. The ISME Journal, 1: 163-179.

Yu Y, Zheng L, Zhou Y J, et al., 2021. Changes in soil microbial community structure and function following degradation in a temperate grassland [J]. Journal of Plant Ecology, 14: 384-397.

Yuan M M, Guo X, Wu L W, et al., 2021. Climate warming enhances microbial network complexity and stability [J]. Nature Climate Change, 11(4): 343-348.

Zhang X M, Johnston E R, Barberan A, et al., 2017. Decreased plant productivity resulting from plant group removal experiment constrains soil microbial functional diversity [J]. Global Change Biology, 23(10): 4318-4332.

Zhang Y, Cao C, Guo L, et al., 2015. Soil properties, bacterial community composition, and metabolic diversity responses to soil salinization of a semiarid grassland in northeast China [J]. Journal of Soil and Water Conservation, 70: 110-120.

Zhang Y, Schoch C L, Fournier J, et al., 2009. Multi-locus phylogeny of Pleosporales: A taxonomic, ecological and evolutionary re-evaluation [J]. Studies in Mycology, 64: 85-102.

Zhao Z B, He J Z, Geisen S, et al., 2019. Protist communities are more sensitive to nitrogen fertilization than other microorganisms in diverse agricultural soils [J]. Microbiome, 7(1): 33.

Zhou G Y, Zhou X H, He Y H, et al., 2017. Grazing intensity significantly affects belowground carbon and nitrogen cycling in grassland ecosystems: a meta-analysis [J]. Global Change Biology, 23(3): 1167-1179.

Zhou H, Zhang D, Jiang Z, et al., 2019. Changes in the soil microbial communities of alpine steppe at Qinghai-Tibetan Plateau under different degradation levels [J]. Science of the Total Environment, 651(2): 2281-2291.

Zhou J Z, Ning D L, 2017. Stochastic community assembly: Does it matter in microbial ecology? [J]. Microbiology and Molecular Biology Reviews, 81(4): e00002-17.

Zhou J Z, Xue K, Xie J P, et al., 2012. Microbial mediation of carbon-cycle feedbacks to climate warming [J]. Nature Climate Change, 2(2): 106-110.

附 录

已发表的论文：

(1)Luo Z M, Liu J X, Jia T, et al, 2022. Degradation-induced microbiome alterations may aggravate soil nutrient loss in subalpine meadows[J], Land Degradation & Development, 6: 4289.(中科院一区 Top)

(2)Luo Z M, Liu J X, Jia T, et al., 2020. Soil bacterial community response and nitrogen cycling variations associated with subalpine meadow degradation on the Loess Plateau, China[J], Applied and Environmental Microbiology, 86: e00180-20. (中科院二区 Top)

(3)Luo Z M, Liu J X, Zhao P Y, et al, 2019. Biogeographic patterns and assembly mechanisms of bacterial communities differ between habitat generalists and specialists across elevational gradients [J]. Frontiers in Microbiology, 169(10): 1-14. (中科院二区 Top)

(4)罗正明，赫磊，刘晋仙，等，2022. 土壤真菌群落对五台山亚高山草甸退化的响应 [J]. 环境科学，43(6): 3328-3337.(卓越期刊；EI、CSCD)

(5)罗正明，刘晋仙，周妍英，等，2021. 亚高山草地土壤原生生物群落结构和多样性海拔分布格局 [J]. 生态学报 (7): 1-11. (卓越期刊；CSCD)

(6)罗正明，刘晋仙，暴家兵，等，2020. 五台山亚高山土壤真菌海拔分布格局与构建机制 [J]. 生态学报，40(19): 7009-7017. (卓越期刊；CSCD)

(7)罗正明，刘晋仙，胡砚秋，等，2023. 五台山不同退化程度亚高山草甸土壤微生物群落分类与功能多样性特征 [J]. 环境科学，44(5): 2918-2927. (卓越期刊；EI)

(8)罗正明，刘晋仙，赫磊，等，2023. 基于分子生态学网络探究亚高山草甸退化对土壤微生物群落的影响 [J/OL]. 生态学报，(18):1-13 [2023-07-05]. DOI:10.20103/j.stxb.202206241799. (卓越期刊；CSCD)

申请的发明专利：

(1)罗正明，白景萍，赫磊，等 . 一种亚高山草甸生态恢复治理方法，申请日期：2022-9-5, 专利号：ZL 2022 11077300.0 .